《中小学气象知识》丛书

王奉安 ◎ 主编

Wu he Mai Naxie Shi

雾和霾那些事

汪勤模 ◎ 著

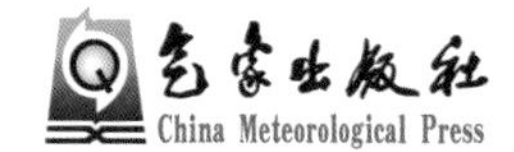

气象出版社
China Meteorological Press

图书在版编目（CIP）数据

雾和霾那些事 / 汪勤模著. -- 北京 : 气象出版社,
2019.1
（中小学气象知识 / 王奉安主编）
ISBN 978-7-5029-6832-8

Ⅰ. ①雾… Ⅱ. ①汪… Ⅲ. ①雾－青少年读物②霾－
青少年读物 Ⅳ. ①P426.4-49②P427.1-49

中国版本图书馆CIP数据核字(2018)第208240号

雾和霾那些事
Wu he Mai Naxie Shi
汪勤模　著

出版发行：气象出版社
地　　址：北京市海淀区中关村南大街46号　邮政编码：100081
电　　话：010-68407112（总编室）　010-68408042（发行部）
网　　址：http://www.qxcbs.com　E-mail：qxcbs@cma.gov.cn
责任编辑：邵　华　王鸿雁　终　　审：张　斌
责任校对：王丽梅　责任技编：赵相宁
设　　计：符　赋
印　　刷：北京地大彩印有限公司
开　　本：787mm×1092mm 1/16　印　　张：8
字　　数：100千字
版　　次：2019年1月第1版　印　　次：2019年1月第1次印刷
定　　价：35.00元

序言

2016年5月30日，中共中央总书记、国家主席、中央军委主席习近平在全国科技创新大会、中国科学院第十八次院士大会和中国工程院第十三次院士大会、中国科学技术协会第九次全国代表大会上的讲话中提出："科技创新、科学普及是实现创新发展的两翼，要把科学普及放在与科技创新同等重要的位置。没有全民科学素质普遍提高，就难以建立起宏大的高素质创新大军，难以实现科技成果快速转化。希望广大科技工作者以提高全民科学素质为己任，把普及科学知识、弘扬科学精神、传播科学思想、倡导科学方法作为义不容辞的责任，在全社会推动形成讲科学、爱科学、学科学、用科学的良好氛围，使蕴藏在亿万人民中间的创新智慧充分释放、创新力量充分涌流。"

科学普及工作已经上升到了一个与国家核心战略并驾齐驱的层面。科技工作者是科技创新的源动力，只有科技工作者像对待科技创新一样重视科学普及工作，才可能使科技创新和科学普及成为创新发展的两翼。

作为科普工作的一个重要方面，科学教育工作已经引起社会方方面面的重视。气象作为一门多学科融合的科学，对培养青少年的逻辑思维能力、动手能力等都具有重要的作用。另外，相对于成年人，中小学生在自然灾害（气象灾害造成的损失占自然灾害损失的7成以上）面前显得更加脆弱，因此，做好有针对性的气象防灾减灾科普教育具有重要的现实意义。在全国范围内落实气象防灾减灾科普进校园工作，从中小学阶段就开始让每一个学生学习气象科普知识，有助于帮助中小学生理解气象防灾减灾的各项措施，学会面对气象灾害时如何自救互救。

气象科学知识普及率的调查结果表明，灾害预警普及率、气候变化相关知识等基础性的气象知识普及率虽然存在区域性差异，但总体上科普的效果并不理想。究其原因，可能是现有气象科普产品的创作水平不高，内容同质化、单一化，未能满足公众快速增长的多元化、差异化需求。

气象科普工作任重而道远。

提高气象科普作品的原创能力，尤其是针对不同用户和需求的精准气象科普产品的研发，让气象科学知识普及更有效率、更有针对性，是我们努力的方向。

经过多方共同努力，针对中小学生策划的这套气象科普丛书《中小学气象知识》即将付梓，本套书共包括12个分册，由浅入深地介绍了大气的成分、云的识别、风雨雷电等天气现象的形成、气候变化和灾害防御等气象知识。为了更好地介绍气象基础知识，为大众揭开气象的神秘面纱，本丛书由工作在一线的气象科技工作者和科普作家撰稿，努力使这套书既系统权威又趣味通俗；同时，也根据内容绘制了大量的图片，努力使这套书图文并茂、生动活泼，能够让中小学生轻松阅读，有效掌握气象相关知识。

这套气象科普丛书的出版，将填补国内针对中小学生的高质量气象科普图书的空白。希望这套丛书能够丰富中小学生的气象科普知识，提升他们在未来应对气象灾害的自救、他救能力，在面对气象灾害时他们能从容冷静展开行动。

中国工程院院士 李泽椿

前言

早在1978年，气象出版社就出版了一套18册的《气象知识》丛书。1998年和2002年又先后出版了8册的《新编气象知识》丛书和18册的《气象万千》丛书。当时在社会上引起了较大反响，成为广大读者了解气象科技、增长气象知识的良师益友。但是，最新的一套丛书距今已有15年了。这15年来，气象科技在传统的研究领域有了长足的发展，雾、霾等频发的气象灾害，更为有效的防灾减灾手段等已经成为新的社会关注点，读者的阅读需求亦发生了较大变化。此外，气象科普信息化又赋予我们新的任务，向我们提出了新的挑战。因此，出版《中小学气象知识》丛书，借以图文并茂、趣味通俗、系统权威地介绍气象基础知识，帮助大众了解气象、提高防灾减灾意识，显得尤为重要。这也正是贯彻党的十八大提出的“加强防灾减灾体系建设，提高气象、地质、地震灾害防御能力”“积极应对全球气候变化”等要求的具体体现。

创作一部优秀的科普作品是一件很不容易的事，尤其是面向青少年读者群的科普作品更需要在语言文字上下大功夫。丛书的作者，既有知名的老科普作家，也有年轻的科普创客，他们为写好自己承担的分册均付出了很大的努力。

丛书包括12个分册：《大气的秘密》《天上的云》《地球上的风》《台风的脾气》《雨雪雹的踪迹》《霜凇露的身影》《雾和霾那些事》《雷电的表情》《高温与寒潮》《洪涝与干旱》《极端天气》《变化的气候》，各分册中均将出现但未进行解释的专业名词加粗处理，并在附录中进行解释说明。该套丛书科技含量高，语言生动活泼、通俗易懂、可读性强。每本书都配有大量的图片。这12本书将陆续与读者见面。

王春安

2017年1月

目 录

引言

翻开历史，我们发现，雾、霾自古有之，长期以来，它俩与人类似乎和谐共存，彼此相安无事。可工业革命以后，雾、霾时不时地“变态”，和人类不再“友好”相处，在世界上一些地方制造事端，甚至引发血光之灾，世界上不少城市就体验过“雾、霾之殇”。这刺鼻的雾、霾也曾经引发了不少文人们的灵感，比如，英国著名作家狄更斯在他的传世经典之作《雾都孤儿》中形象地把“有生命的伦敦”比喻为“一个浑身煤炱(音tái)的幽灵”。

我们不禁会问：这雾和霾怎么了？闹得人们如此关注它们。为此，本书试图谈古论今，既有事件描述，更有知识阐明，唠一唠雾、霾那些事儿，以期拨开迷雾，驱散晦霾。

雾云本属同一物

高楼笼罩在雾中　张海峰摄

放大镜下雾啥样

秋冬时节的早晨，有时眼前会出现一种弥漫于天地之间乳白色烟云状的朦胧景观，远观像缭绕的白云，一朵朵，一簇簇；近看似弥漫的蒸汽，一团团，一片片。置身其中，有一种梦幻般的感觉，更像进入迷宫，这便是气象上所说的“雾”。

中国现代文学巨匠茅盾的代表作《子夜》中对雾给予了非常形象的描写：“浓雾将五十尺以外的景物都包上了模糊昏晕的外壳。有几处耸立云霄的高楼

被大雾笼罩的厦门

在雾气中只显现了最高的几层，巨眼似的成排的窗洞内闪闪烁烁射出惨黄的灯光——远远地看去，就像是浮在半空中的蜃楼，没有一点威武的气概。而这浓雾是无边无际的，汽车冲破了窒息的潮气向前，车窗的玻璃变成了毛玻璃，就是近在咫尺的人物也都成了晕状的怪异的了；一切都失了鲜明的轮廓，一切都在模糊变形中了。”

人们肉眼看到的“雾”，白茫茫一片，朦胧得很。但当我们在放大镜下观察雾，会发现雾是由无数个微小水滴或（和）冰晶组成的，人眼无法分辨出

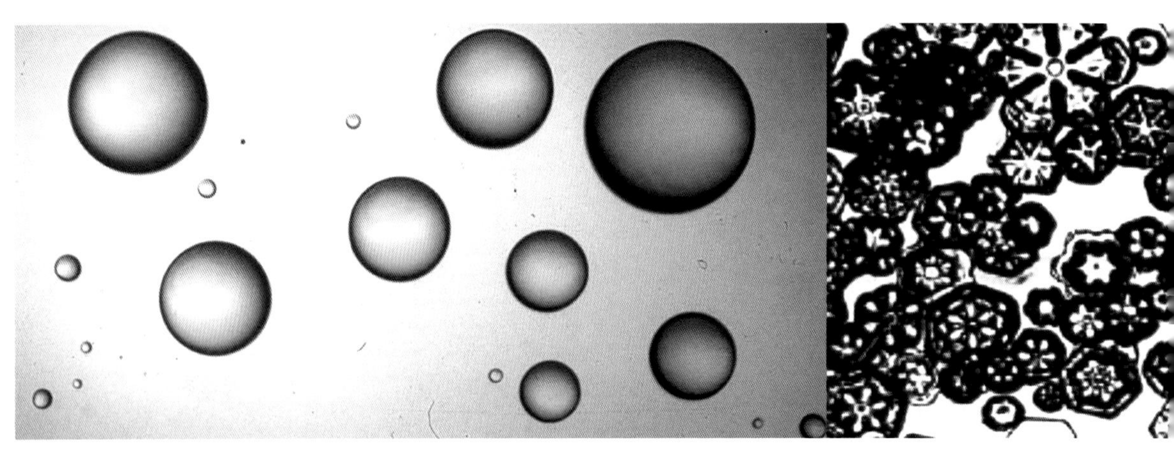

图1 雾滴的显微照片

来。据统计，雾滴的尺度范围是3～100微米，直径平均在10微米左右。雾滴的显微照片（如图1）显示，水雾的雾滴典型尺度为6～12微米，冰晶雾的雾滴典型尺度为0.4～1.0微米。

可见，雾滴非常的小，不到人的一根头发粗细的五分之一，几百万个雾滴合在一起，才有一粒芝麻大。一立方米空间里可以有几千万个乃至几千亿个雾滴，由于它们对太阳光的各向反射和散射作用，从而使其成为白茫茫或灰蒙蒙一片，故而人们称之为“迷雾”。

根据中国气象局2003年版的《地面气象观测规范》规定，雾是指“大量微小水滴浮游空中，常呈乳白色，使水平能见度小于1000米的天气现象。高纬度地区出现冰晶雾也记为雾”。

即一般来说，雾按其组成成分有水雾、冰雾和水冰混合雾之分，它们分别由微小水滴、冰晶和水滴伴冰晶组成。关于雾的分类，我们后文还有详细说明。

大雾为啥朦胧状

人类对雾的认识由来已久，我国古人往往将美好的幻想、对爱情的企盼，比喻为是雾起时形成的一幅朦胧图画。在古汉语中，“雾”与“蒙”、“梦”通假，在我们祖先的脑海里，雾就是朦胧的梦境。即便到了现代，雾仍然使人产生不尽的遐想。

面对难辨方向的朦胧雾帐，你可能要问，前面已经说了雾是由许许多多小水滴或（和）小冰晶组成的，水是透明的，冰也是透明的，为什么雾反而不透明了呢？究其缘由，这与光的反射、散射性质有关系。

众所周知，当光（如太阳光）照射到一个有颜色透明的物体上时，它所透过的，主要是跟透明物体同一种颜色的光，其他颜色都被透明物体吸收掉了。如果一种透明物体能使各种颜色的光都透过，那么，这种透明体就是无色的，如水以及由水凝结成的冰。但是，水汽凝结成的雾就不具有像水和冰那样透明的性质了。

这是因为雾是由无数个小水滴组成，也就是说，它有无数多个球形界面，球面把光反射、散射向各个方向（如图2）。浓雾中，每立方厘米的空间里有几百个（甚至更多）小水滴，也就是说，有几百个（甚至更多）类似球形的界面。这无数个

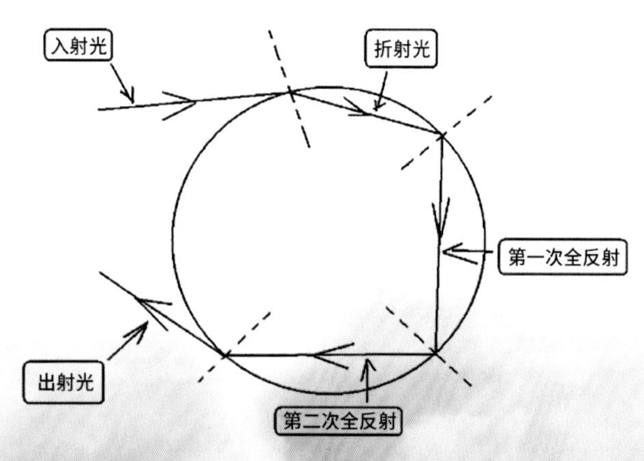

图2　光经过小水滴反射示意图

球形界面，无数次地反射、散射光线，无数次地把光反射、散射向各个方向，如此一来，对于密集的雾滴，光线是很难完全透过雾帐的。但是，雾与完全不透光的物体又是不同的，每个小水滴都会让一部分光透过，所以看起来还不是一点光亮没有而呈现为一片黑暗的，而是成为白茫茫或灰蒙蒙一片。远处的风景看不见或若隐若现，近处的物体或许可见，但又不十分清楚，给人一种扑朔迷离的神秘感和迷惘感，故而人们称之为“迷雾”。

雾的分类有章法

雾的分类有不同的标准。以雨来比喻，雨有大小之别，按照量级可分为小小雨、中雨、大雨、暴雨等。雾有浓淡之分，气象上，按水平能见度大小，将雾分为雾、浓雾和强浓雾三种。

名　称	标　准
雾	水平能见度500～1000米
浓雾	水平能见度50～500米
强浓雾	水平能见度不足50米

气象上还把由微小水滴或已湿的吸湿性微粒所构成的灰白色的稀薄雾幕，使水平能见度大于或等于1.0千米而小于10.0千米的天气现象叫做轻雾，或者霭。

大家都知道，降水按其动力学过程，可分为系统性降水、对流性降水和地形性降水。同样，气象上考虑雾形成的条件，还给雾取了不同的名字，如辐射雾、蒸发雾、平流雾等。

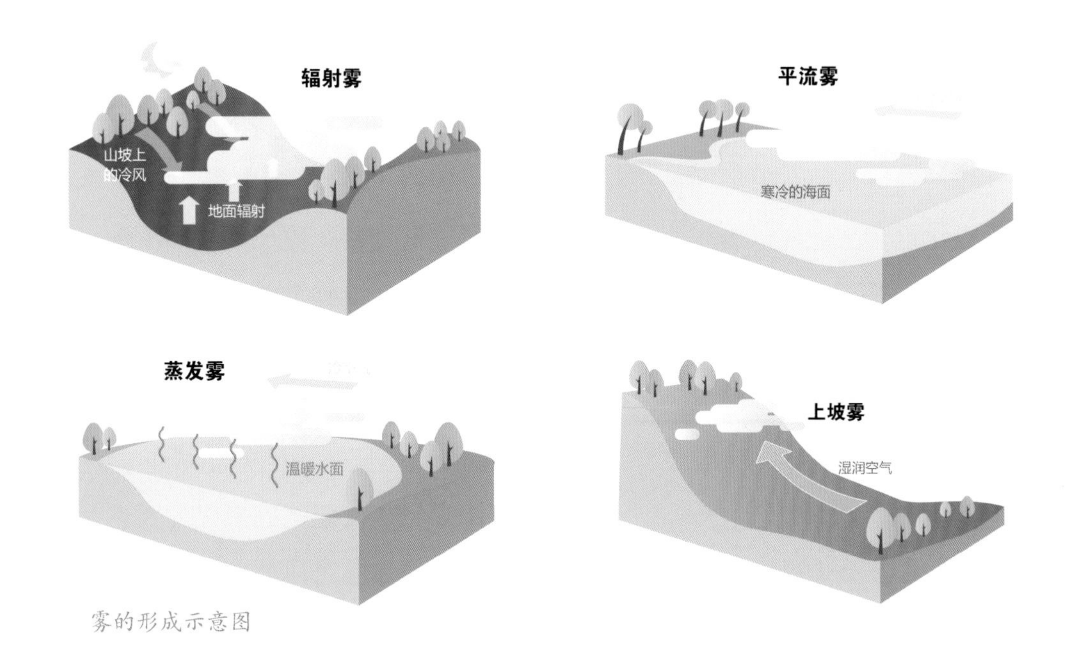

雾的形成示意图

辐射雾：指空气因**辐射冷却**达到过饱和而形成的雾，它多出现于晴朗、微风、近地面水汽比较充沛的夜晚或早晨。在一年中，秋冬两季出现辐射雾较多。潮湿的山谷、洼地、盆地由于水汽充沛，再加上冷空气的聚集，经常会出现辐射雾。

蒸发雾：秋天的早晨，常可在江、河、湖面上见到飘浮着的缕缕“白烟”，那是由冷空气流经暖水面，由于暖水面的蒸发，使冷空气中的水汽增加而达到过饱和状态，形成的便是蒸发雾。

平流雾：当暖湿空气流经冷地表，近地面层空气迅速降温，逐渐达到**过饱和**状态，水汽凝结而形成的便是平流雾。

此外，在冷暖空气交汇的附近地区也常有雾产生，这种雾称为锋面雾。由于潮湿的空气沿着山坡爬升，**绝热冷却**，使空气达到过饱和而产生的雾叫做**上坡雾**。

雾云实乃双胞胎

雾和云的区别仅仅在于是否接触地面。例如，当我们爬高山时，往往能见到这样一种情景：在山脚下看到半山腰有白云缭绕；爬到半山腰时，却看不到云，只觉得自己进入“迷雾”中了；如果继续往高处爬，停住脚步朝下看去，发现天上没有云，云却在自己的脚下了。这种情景，准确地说，既是云，又是雾，只是对不同高度观察的人来说称呼就不同。对山上人来说是雾，对山下人来说是云。因此，有人形象地说：“云为山上之雾，雾为山下之云。”

从组成上来讲，雾和云都是由许多小水滴和（或）小冰晶组成的；从形成原因上来讲，雾和云主要都是由于气温下降导致水汽凝结而形成的。也就是说，雾和云都是由浮游在空中的小水滴和（或）小冰晶组成的水汽凝结物，只是雾生成在大气的近地面层中，而云生成在大气的较高层。

当然喽，雾和云的形成，都需要大气中水汽达到饱和，才能出现凝结现象。这种现象的成因，不外乎两个方面：一是由于蒸发，增加了大气中的水汽含量；二由于空气自身的冷却。对于雾来说，冷却更为重要。当空气中有凝结核时，饱和空气如继续有水汽增加或继续冷却，便会发生凝结现象。凝结的水滴如使水平能见度降低到1千米以内时，雾就形成了。因此，凡是在有利于空气低层冷却的地区，如果水汽充分，风力不大，大气层结比较稳定，并有大量的凝结核存在，便容易生成雾。

其实，这种现象在日常生活中是常见的。比如在寒冷的冬天，人们深深地呼出一口气，便成为肉眼可见的一片白色的雾气向前飘去，而在温暖的季节是不会出现这种现象的；再如烧开水时，从壶嘴中冒出的也是一团一团向上飘去的白色雾气。

庐山云雾

因此，我们不难认为，雾和云是一个“娘”（水汽）生出的“双胞胎”：只是云飘在天上，不触及地面；雾则靠近或触及地面。可见，云和雾本是同一物。

古诗词中说雾云

在我们祖先的脑海里，雾就是朦胧的梦境。我们可以在一些古籍中关于雾的描述中略窥一二。

《尔雅》：“地气发，天不应，曰雾，雾谓之晦。”意思是说，天地之间互为呼吸，相互协调，然而，出于某种神巫而无从得知的原因，从大地发出的云气无法被天穹接收，就形成了雾。雾使大地不清不明。古人在对自然科学知之甚少的情况下，这种神话式的认识，倒也可以理解，不过，其中“地气发”“雾谓之晦”与现代气象学中所说的雾的形成和形态有异曲同工之处。

梁元帝萧绎《咏雾》："三晨生远雾，五里暗城闉（闉音yīn，古代瓮城的门）。从风疑细雨，映日似游尘。乍若飞烟散，时如佳气新。不妨鸣树鸟，时蔽摘花人。"其中"从风疑细雨，映日似游尘"是两个比喻：雾在微风吹拂下有如飘飞的细雨，在阳光照射下则如飘浮游动的灰尘，将雾迷蒙湿润、飘忽不定的特点勾勒得颇为生动形象。

宋朝范仲淹的《苏幕遮》："碧云天，黄叶地，秋色连波，波上寒烟翠。山映斜阳天接水，芳草无情，更在斜阳外。黯乡魂，追旅思，夜夜除非，好梦留人睡。明月楼高休独倚，酒入愁肠，化作相思泪。"其中"波上寒烟翠"一句的"烟"指的就是雾，道出了蒸发雾的形成需要"波"（即暖水面）和"寒"（即冷空气）两个条件。

南北朝伏挺《行舟值早雾》："水雾杂山烟，冥冥不见天。听猿方忖岫，闻濑始知川。渔人惑澳浦，行舟迷溯沿。日中氛霭尽，空水共澄鲜。" 这首诗蕴含了很多与雾有关的知识："冥冥不见天"表明雾出现在天还没亮温度很低的早晨；"水雾"应该是蒸发雾，"山烟"应该是上坡雾；而"渔人惑澳浦，行舟迷溯沿"，意思是说，尽管渔家轻车熟路，港湾近在咫尺，但在大雾弥漫之中却也茫然不知，形容当时雾很浓。

宋朝范成大《浣溪沙》："十里西畴熟稻香，槿花篱落竹丝长，垂垂山果挂青黄。浓雾知秋晨气润，薄云遮日午阴凉，不须飞盖护戎装。"其中"浓雾知秋"反映秋季多雾，"晨气润"表示早晨空气中饱含水汽。

最后我们要提一首脍炙人口的绝佳诗篇——唐代李白的《望庐山瀑布》："日照香炉生紫烟，遥看瀑布挂前川。飞流直下三千尺，疑是银河落九天。"第一句写出了香炉峰上云雾冉冉上升，并能散射日光，呈现色彩的浪漫景象，后两句用夸张和比喻的手法道出了庐山瀑布的磅礴气势，而使这一形容生动、逼真的关键，就是前面描写中缥缈的雾霭。

雾、霾虽亲非兄弟

显微镜下看晦霾

2013年初，我国发生大范围的雾、霾天气，特别是北京等大城市弥漫着铺天盖地的雾、霾。当时还被调侃为“十面霾伏”。

翻开我国各种汉语字典，找不到“十面霾伏”这个词，这个2013年诞生的网络热词，可以认为它是我国成语 “十面埋伏”的谐音词。“十面埋伏”这个典故出自楚汉相争中的最后那场战争，是四面八方广布伏兵的意思。2012/2013年冬季开始，我国中东部一些城市相继阴霾重重，空气严重污染，似有“十面埋伏”之势，因而被戏称之为“十面霾伏”。显然，“十面霾伏”，是指因雾、霾重重而看不清四面，属于重度空气污染事件。

北京东三环CBD周边的建筑笼罩在雾、霾中

人眼看到的“霾”，灰蒙蒙一片。在显微镜下，霾是由无数个微小的干性粒子组成的，人眼无法分辨出来，多数情况下，它们比雾滴还要小，霾粒子的尺度范围是0.001～10微米，平均直径在0.3～0.6微米。

霾的组成成分非常复杂，包括数百种颗粒物（如图3），大致可分为无机成分和有机成分，前者包括矿物粉尘（土壤尘、沙尘、火山灰）、海盐、黑碳、硫酸盐、硝酸盐等；后者包括有机碳氢化合物、其他有机物以及具有生物活性的粒子（如病毒、病菌、花粉、孢子）等。汽车尾气和工厂废气里含有大量氮氧化合物和碳氢化合物，在太阳光作用下，会发生光化学反应，产生光化学烟雾，其主要成分是一系列氧化剂，如臭氧、醛类、酮类等，被称为空气二次污染物，也是霾的成分之一。

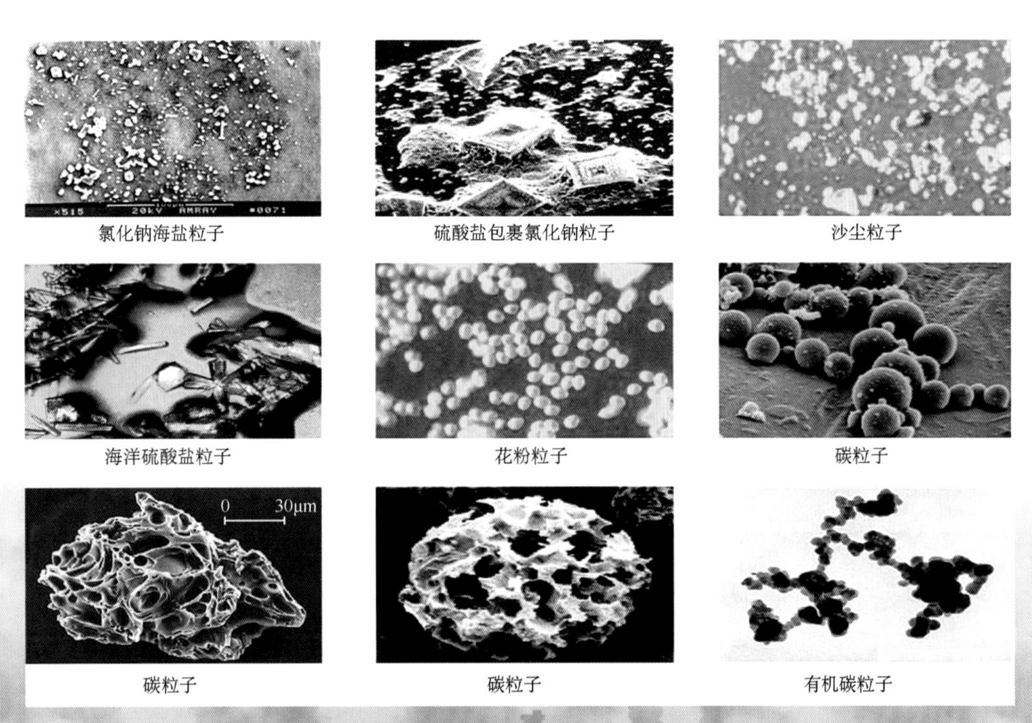

图3 部分霾粒子显微照片

由于霾的这些粒子散射波长较长的可见光比较多，因而霾看起来呈黄色或者橙灰色，给人一种晦暗的感受。因此，我们可以说，“霾是铺天昼晦的似烟粉尘，微小干粒子的灰色聚合体”。

在中国气象局的《地面气象观测规范》中，给出了霾的明确定义:“大量极细微的干尘粒等均匀地浮游在空中，使水平能见度小于10千米的空气普遍混浊现象，使远处光亮物微带黄、红色，使黑暗物微带蓝色。”霾又称大气棕色云，在我国香港和澳门地区称其为烟霞。

在2010年6月13日气象行业标准《霾的观测和预报等级》中修订了霾的标准，即能见度低于10千米，相对湿度小于95%时，排除降水、沙尘暴、扬沙、浮尘、烟雾、吹雪、雪暴等天气现象造成的视程障碍，就可判断为霾。于此，霾和雾的区别又清楚了一些。

古人眼中霾何物

在三千多年前的《诗经》里有“终风且霾”的诗句，意思是大风吹起了尘土，可见，“霾”字的古义是“尘”。古籍《尔雅》对霾的解释是“风而雨土为霾”，其中的“雨”字是动词，读yù，表示“落”“降”“下”的意思，“雨土”就是“降尘”，“风而雨土为霾”就是“刮风落土就是霾”的意思，与《诗经》的解释是一致的。因此，古人眼中的“霾”泛指了今天的“扬沙”“浮尘”“沙尘暴”等天气现象，即霾在史书中是用来表示有风沙天气的，当时在陕西、山西、河南、河北并不少见。

另外，从“霾”字的组字结构来看，也有“下土”的意思，具体体现了《尔雅》对霾的解释。“霾”字的下半部是“狸”字的异体字，它有两种读音，作为一种动物，读lí；而读mái时，“貍沈”（读mái chén）一词指古人祭祀山林川泽，有“为祭祀山林，将祭品埋入土中”的意思，可见“貍”字与土有关。显然，“霾”字的上下两部分分开，就是“落土”“降土”“下土”的意思。

我们再来看看《康熙字典》是怎么解释“霾”的：霾，晦也。言如物尘晦之色也。这又说出了霾具有使空气普遍混浊、能见度下降的性质。

在清人昭梿的《啸亭续录》里，有一则关于霾的记闻，题曰《昼晦》：“戊寅春，浴佛日，余结伴游万寿寺。午后，黑云由东南来，风沙霾暗，余即驱车归。甫入室，犹未解衣，天顿昏黑，室中燃烛始能辨物。”对于近年来发生的霾现象，三四百年前清人的“昼晦”这两个字，应该说是相当准确的描写了。

看来，霾是古已有之的天气现象。不过，古之霾与今之霾的成分，却是有着本质的区别，前者为农耕时代的霾，无非是烟雾尘埃，尽管可恶，但无太大贻患；而后者为工业革命以后的霾，其中含有更多对人体有害的物质，所造成的污染非常严重。

现代雾、霾变味了

前面我们已经简单地说了古之霾与今之霾的成分有着本质的区别。那么霾是如何“变味”的呢?

这得从1952年发生在英国震惊世界的伦敦烟雾事件说起。18世纪工业革命以后，从英国到欧洲大陆再到美国，一根根大烟囱、一堆堆煤炭推动着西方国家的经济高速发展，但同时，所带来的环境污染也给他们留下了严重的后遗症。1813年冬，历史上有记录的最早的空气污染案例在英国发生后，掺杂着大量二氧化硫、臭氧、氮氧化物等有毒颗粒物的烟雾，开始沿着工业革命的轨迹在欧美国家的城市里陆续出现。其中1952年12月伦敦的一次严重大气污染事件最为典型。

英国作家查尔斯·狄更斯的小说《雾都孤儿》，让伦敦的“雾都”之名给

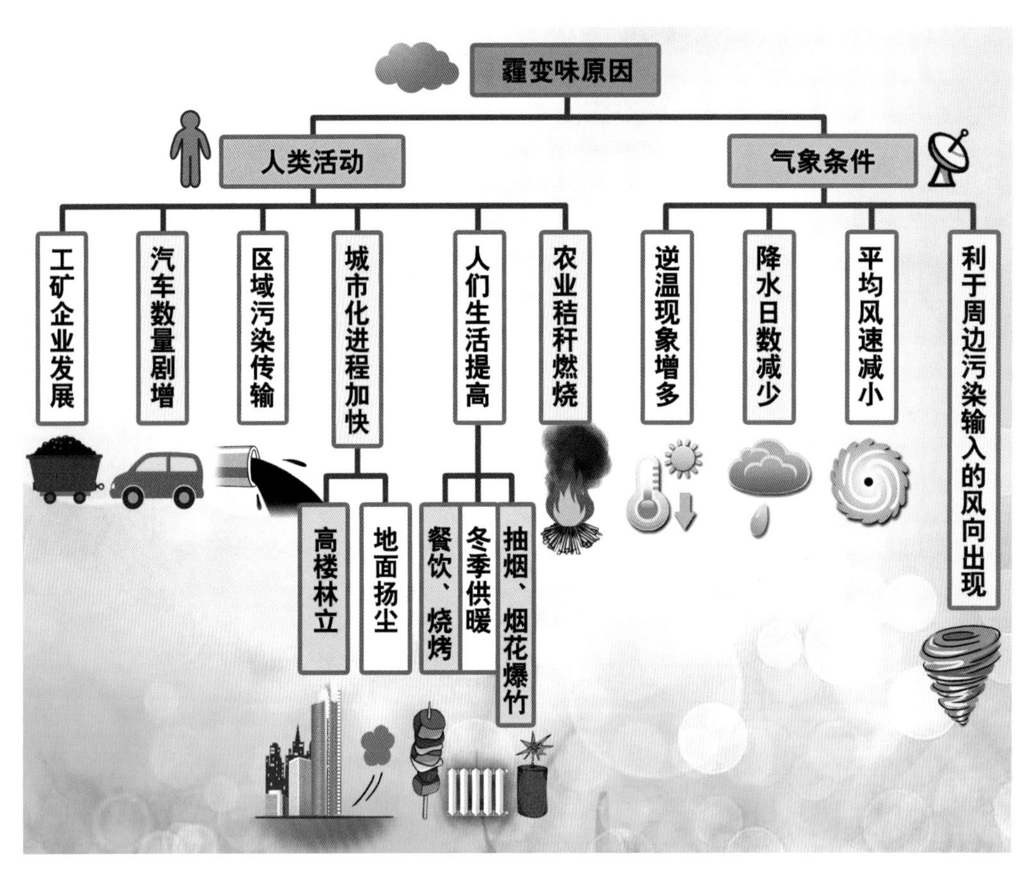

霾的变味原因示意图

人们留下了深刻的印象。狄更斯笔下的19世纪的伦敦是这样的："这一天，伦敦有雾，这场雾浓重而阴沉，有生命的伦敦眼睛刺痛，肺部郁闷，有生命的伦敦是一个浑身煤炱的幽灵……在城市边缘地带，雾是深黄色，靠里一点儿是棕色的，再靠里一点儿，棕色再深一些，再靠里，又再深一点儿，直到商业区的中心地带，雾是赭黑色的。"

英国人开始深刻反思，专家们分析后得出的结论是：祸从煤出！ 形成伦敦烟雾事件的直接原因是燃煤产生的二氧化硫和粉尘污染。烧煤的工厂排放的大

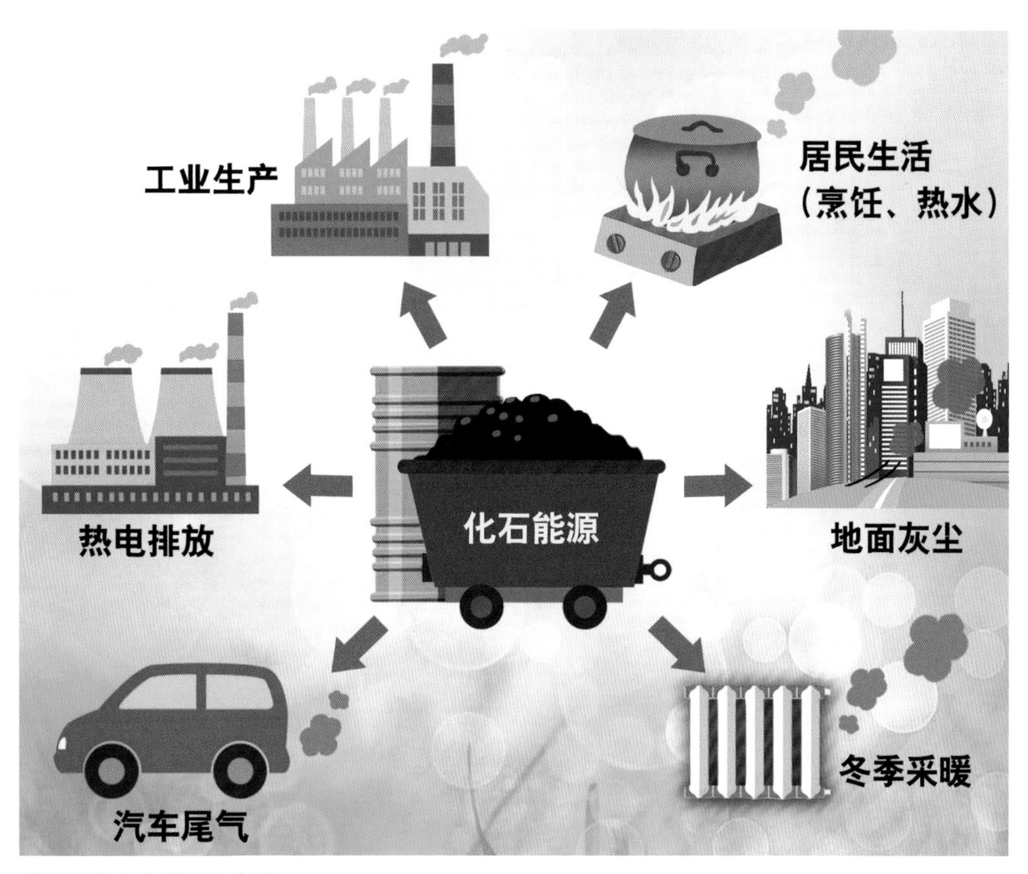

霾的形成人为原因示意图

量浓烟，还有汽车燃油排放的废气和从欧洲大陆飘过来的污染云，都令伦敦的空气质量变得很差。这告诉人们，是人类不科学活动使雾、霾受到了严重“污染”，即雾、霾“变味”了。

经过半个多世纪的治理，伦敦空气变得清新了。可60年后，据网载，2014年4月3日，伦敦整个城市又笼罩在一片白茫茫的雾、霾中，远处高楼模糊不清。街道上，行人戴着口罩，汽车上蒙着一层灰尘。首相卡梅伦3日接受英国广播公司采访时说，由于当天早晨空气污染严重，他没有按照习惯外出晨练跑

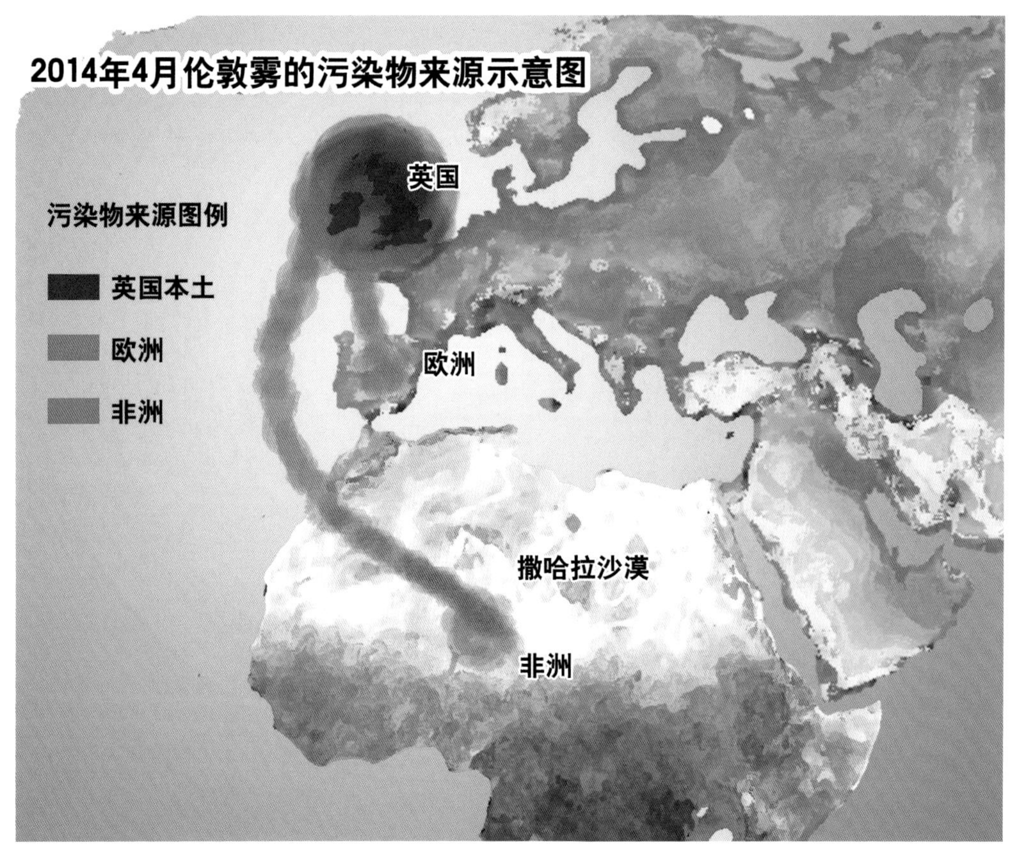

2014年4月伦敦雾、霾来源示意图

步，而是改为处理一些工作。英国环境、食品和农村事务部公布的空气质量报告显示，伦敦当天早晨空气污染达到非常严重的程度，分析认为，空气污染是由一系列原因叠加造成的，而撒哈拉沙漠的沙尘只是成因之一，“这些原因包括本地气体排放、风力太弱、来自欧洲大陆的污染以及从撒哈拉沙漠吹来的沙尘”。像英国这样，经过半个多世纪治理后，雾、霾卷土重来，进一步说明了今之雾、霾性质的变化与人类活动大有关系。

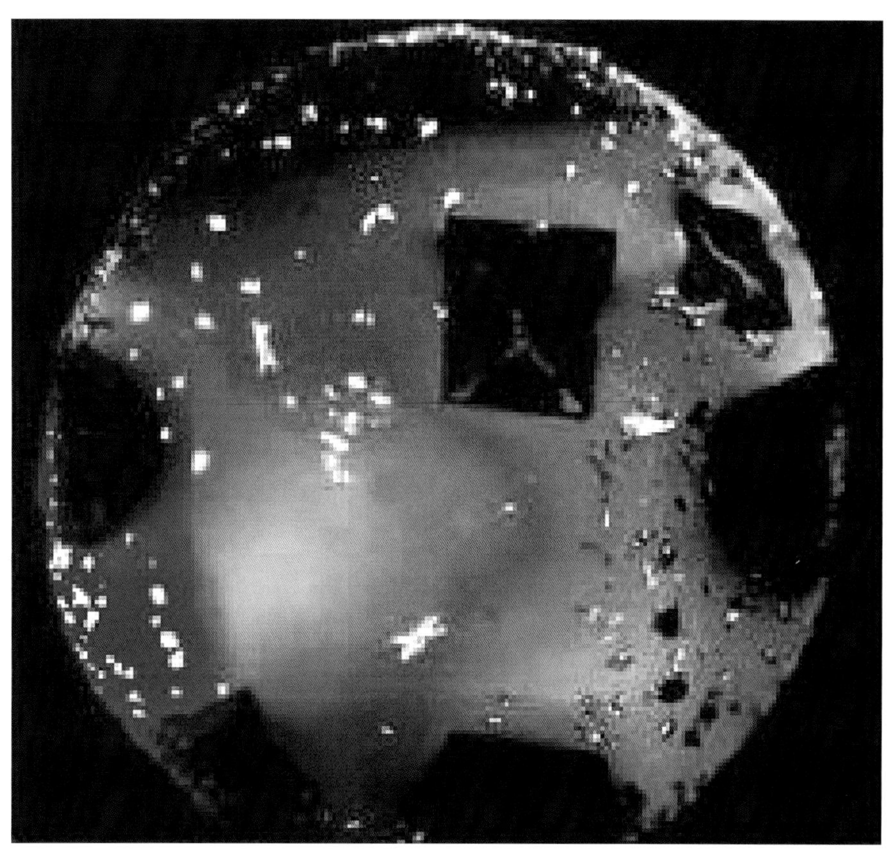

含有污染物的雾滴显微照片

人们对霾的性质变化是有一个认识过程的。比如，在现代我国气象观测规范中，一直把霾同沙尘、雾等一样，作为一种视程障碍现象进行观测，是以能见度大小来定义和分类的。长期以来，如同我国北方春天常见的风沙天气一样，人们并没有意识到霾有太大危害。2010年以后，随着$PM_{2.5}$这个舶来词逐渐成为社会热词后，我们开始认识到人类活动使得霾变味了。

雾、霾并非一家亲

近些年来，无论在人们口头上，还是在媒体上，雾和霾似乎形影不离，亲如一家地被连用在一起。从气象观测角度来说，雾和霾同属于视程障碍现象，它们都可以使大气混浊，视野模糊，能见度恶化，而且在一天之中还可能互相变换角色。但是，从本质上来看，它们有着非常明显的不同之处，并非一家亲兄弟。

在气象观测规范中，给出了它们不同的定义。概括起来，大致有十大区别。

能见度范围不同。雾的水平能见度小于1千米，霾的水平能见度小于10千米。

相对湿度不同。雾的相对湿度大于90%；霾的相对湿度小于80%；相对湿度介于80%～90%是霾和雾的混合物，但其主要成分是霾。

厚度不同。雾的厚度只有几十米至200米，霾的厚度可达1～3千米。

边界特征不同。雾的边界很清晰，过了“雾区”可能就是晴空万里；而霾与晴空区之间没有明显的边界。

颜色不同。雾的颜色是乳白色、青白色，霾则是黄色、橙灰色。

形成条件有差异。虽然雾和霾的形成都需要微风或无风，大气状态稳定，即要有**逆温层**（如图4）。但是，雾还需要一定的水汽和降温条件，使得空气中水汽含量达到饱和而凝结，而霾的形成并不需要水汽和降温条件，主要是空气中（干性）颗粒物要达到一定浓度，相对湿度不要大。

需指出的是，能见度低于10千米，可能既有干尘粒的影响，也有雾滴的影响，即雾和霾常常相伴而生；另外，随着空气相对湿度的变化，霾和雾在一天之中也可能相互变换角色，甚至在同一区域内的不同地方，霾和雾的分布也会有所不同。

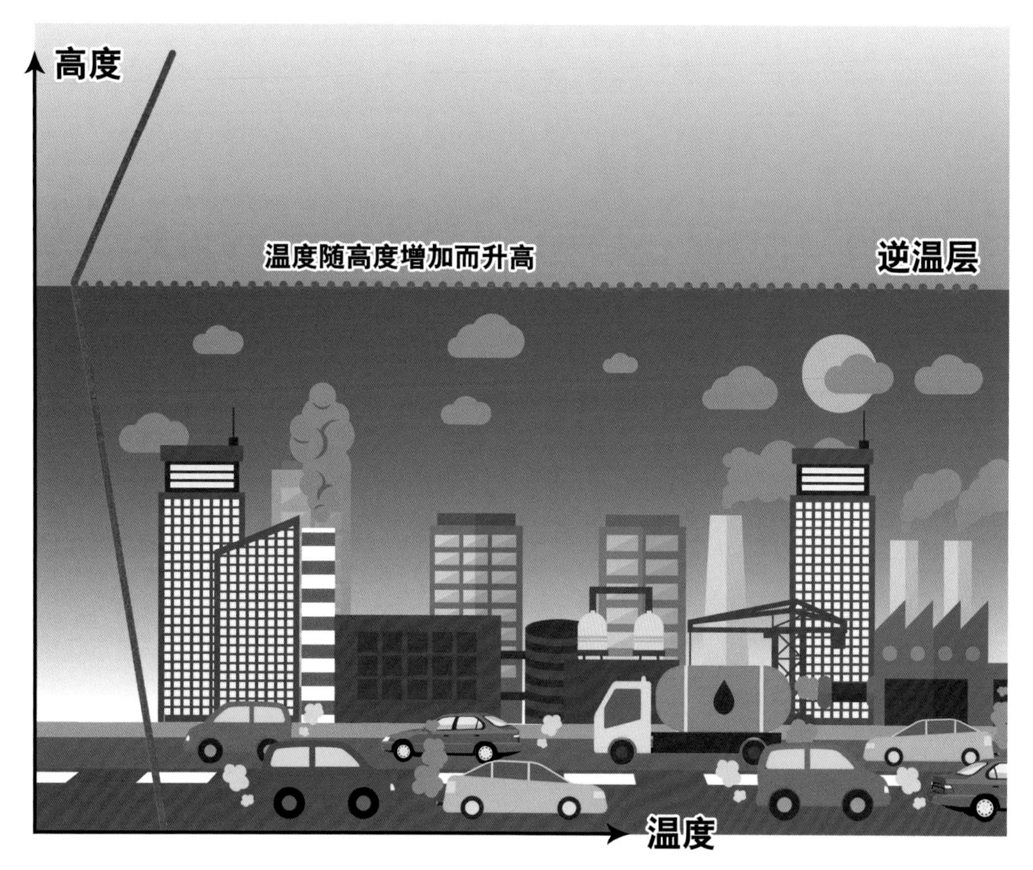

图4 逆温层示意图

大范围霾和雾天气一旦形成，在有利的天气条件下可维持数日。利于霾和雾维持的天气条件包括：一是风力小，不利于污染物在水平方向扩散；二是低空大气层结稳定，近地面出现逆温层，不利于污染物垂直向上扩散，使得污染物在大气边界层积聚。

组成不同。雾主要是由微小水滴或冰晶组成，雾滴尺度一般为3～100微米；霾是由肉眼不可见的微小尘粒、烟粒、盐粒等组成，霾粒子尺度一般在0.001～10微米。

日变化不同。雾一般在午夜至清晨最易出现，日出后会很快消散；霾的日变化特征不明显，当气团没有大的变化，大气层结较稳定时，持续时间较长。

季节变化不同。我国一年四季都可能有雾出现，大多数地区秋、冬季节为雾多发期，春、夏季雾较少；霾全国大部分地区均有明显的季节变化，冬季多，夏季少，春秋季居中。

指示意义不同。一般来说，雾属于天气现象，有天气预报的指示意义，如谚语“早雾一散见晴天，早雾不散是雨天”“迷雾毒日头”“久晴大雾必阴，久雨大雾必晴”。霾更属于环境问题，在大气污染研究和空气质量预报中的指示意义显得更重要。

霾与沙尘不一样

近些年来，沙尘天气有所减少，而霾似乎在加重，它们之间有什么关系吗？前面虽然介绍了我国古人将霾和沙尘等同看待，而且，沙尘也是霾的来源之一。但是，霾和沙尘是两种不同的天气现象，其不同之处主要有：

组成成分不相同。霾是悬浮在大气中的大量微小尘粒、烟粒或盐粒等的集合体，还有人类活动排放出的微小颗粒物，组成霾的粒子极小，以细颗粒物（$PM_{2.5}$）为主，不能用肉眼分辨出来。而沙尘所含的颗粒物主要是粗颗粒，肉眼可见。当然，不可否认，沙尘中的细颗粒物也是构成霾的成分之一。

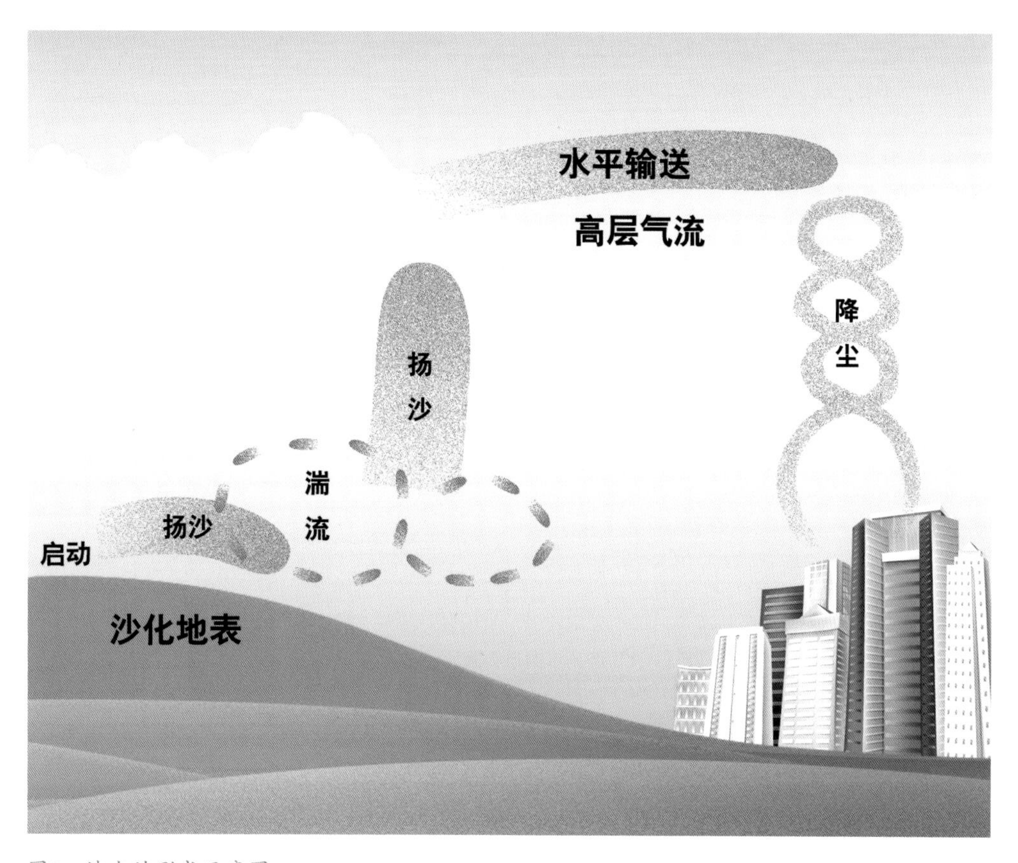

图5　沙尘的形成示意图

出现的气象条件不一样。霾出现的气象条件是大气静稳，空气流动性差，以致于大气中的污染物无法扩散；沙尘出现的气象条件是大气不稳定，大风将沿途地表的大量沙尘吹起，由上升气流将其输送到较高的空中并“运输”到较远的地区，由于沙尘颗粒较大，传输过程中有沉降现象（如图5），所以沿途地区都会出现沙尘天气。监测分析显示，沙尘天气虽然可以造成PM_{10}、$PM_{2.5}$浓度明显上升，但是，沙尘天气过后常常伴有大风，反而有利于污染物的扩散。

2010年5月6日，内蒙古乌拉特后旗境内出现的沙尘暴

出现的时间有差别。沙尘天气有较强的季节性，主要出现在春季；而霾一年四季都可能出现，以冬季较多。

观测表明，自21世纪以来，我国沙尘天气呈持续减少的趋势，而霾天气有所增加，主要原因是风力条件发生了改变。通常温度低的地区气压高，温度高的地区气压低，气压的差异就产生了风。而在全球气候变暖的大背景下，我国北方升温较南方快，南北方气压的差别变小了，大风日数相应减少，沙尘天气也就随之减少。而大风天气的减少，不利于污染物的扩散，却有利于霾天气的增多。

雾、霾分布有规律

蜀犬吠日示意图

“蜀犬吠日”怪不怪

我国有句成语叫做“蜀犬吠日”。虽然现在多用来形容少见多怪，其实，它原来的意思是，蜀地（四川古称蜀）的狗看到天上的太阳，认为是怪物，就冲着太阳“汪汪”直叫。

从这句成语中不难认为，我国古人就知道，在四川，多阴雨云雾天气，太阳难得露面，于是，就概括出“蜀犬吠日”这样的传说形容这种现象。现代气象观测和研究从科学角度证实了这一观点。据1961—2006年我国气象观测资料统计，全国省会城市中，年平均雾日数，成都最高，在60天以上，一年中，又

2016年1月3日，成都遭遇雾、霾天气

以1月和12月最多，均在10天以上。四川盆地年平均总云量7～9成，全年阴天日数200～250天，是我国阴天最多、晴天最少的地区。尤其是在阴雨连绵的秋冬季，太阳更难得露面了。

近年来，舶来词$PM_{2.5}$已经越来越受到人们关注，它指的是粒径小于或等于2.5微米的颗粒物。以$PM_{2.5}$为主要成分的霾同样会使太阳黯然失色。以四川省会成都$PM_{2.5}$日均质量浓度为比较指标，2012年成都发生雾或霾124天，其$PM_{2.5}$日均浓度高于116微克/米^3，超过北京等城市，居全国前列；2013年也仅次于京津冀和西安等少数城市，高于长三角、珠三角和全国多数其他城市。

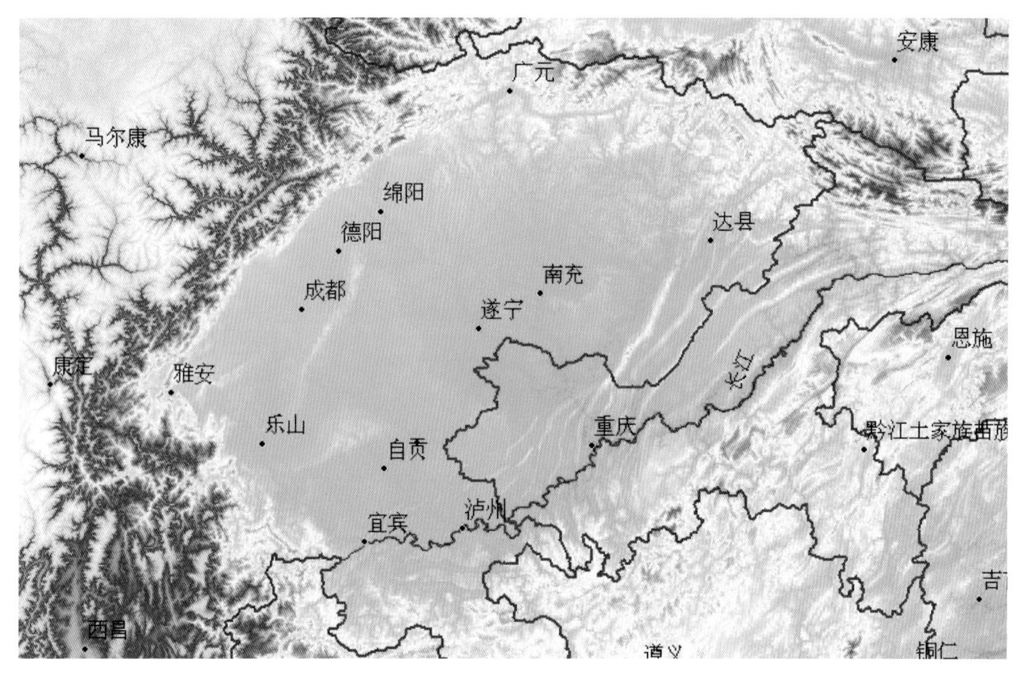

图6 四川盆地示意图

四川盆地“太阳难得露面”的气候特点，与其特殊的地形大有关系（如图6）。四川盆地面积约26万平方千米，占四川省面积的46%。四川盆地位于长江上游，西依青藏高原和横断山脉，北近秦岭，与黄土高原相望，东接湘鄂西山地，南连云贵高原。盆地北缘米仓山，南缘大娄山，东缘巫山，西缘邛崃山，西北边缘龙门山，东北边缘大巴山，西南边缘大凉山，东南边缘相望于武陵山。即，四川盆地四周群山环绕，这种闭塞的地形导致气流不畅，中间平原上空的水汽不易散开，空气非常潮湿，以致云多雾罩。除受一般天气系统影响可以成云致雾外，还因为这样的地形特点，使盆地上空常有逆温层形成，从而便于水汽积累，更容易成云致雾。

重庆雾

再拿西邻四川省的直辖市重庆来说吧，它有我国“雾都”之称，很大程度上与嘉陵江和长江环抱市区有关，正因为水面广阔，水汽非常充沛，为雾的形成准备了充分的条件。有雾时，整个市区笼罩在浓雾之中，宛如被无形的纱网覆盖，因此，在重庆把雾叫做“雾罩”。

四川盆地“太阳难得露面”这样的气候特点，被古人艺术夸张为“蜀犬吠日”，顺理成章。“蜀犬吠日” 这一成语出自于唐·柳宗元《答韦中立论师道书》：“屈子赋曰：‘邑犬群吠，吠所怪也。’仆往闻，蜀之南，恒雨少日，日出则犬吠。”其实，柳宗元这段话已经对“蜀犬吠日”作了解释，原因在于蜀“恒雨少日”，正确一点地说，应该是“恒云雾少日”。

如此看来，“蜀犬吠日”，表面来看，是一种奇怪的现象，但是，究其气象科学分析，应该并不奇怪。这是“蜀地”特殊的天气气候原因造成的。

雾的分布什么样

雾是一种天气现象，因此，了解雾的分布特点，有利于科学安排自己的出行。

我国一年四季都可能有雾，而主要发生在春、秋和冬季，夏季由于天气炎热，缺少雾形成的条件，所以雾比较少见，特别是在平原、丘陵地区。

我国年雾日数分布大致呈现东多西少特征，黄淮、江淮、江南、华南东部、西南地区东部和南部、东北地区东南部以及内蒙古东北部等地年雾日数在20天以上，其中江南以及福建、四川、云南等地有50～70天；西北地区因气候干燥，很少出现雾，但部分地区雾日数较多，如新疆天山山区、陕西等地年雾日数一般有10～30天。

究其原因，主要是我国东部比较湿润，秋冬季节辐射雾、平流雾相对较多；而西北地区气候干燥，满足不了雾形成的气象条件，但一些山地由于湿度大、层结稳定，较易形成“山谷雾”，如新疆天山山区、陕西山地雾日数较多。

霾的分布什么样

霾是一种天气现象，人类是逃避不了的，特别是“现代霾”含有很多的对人类有害的成分，因此，了解霾的分布特点，将有利于科学安排自己的出行，有利于自己的身体健康。

我国霾主要发生在冬季和春、秋，尤以冬季发生最多。

我国年霾日数分布呈现东多西少特征。我国西部大部地区多年平均霾日数基本都在5天以下，东部地区除东北和内蒙古中东部地区霾日数较少外，华北、长江中下游、华南等地霾日数有5～30天，其中广东中部、广西东北部、江西北部、浙江北部、江苏南部、河南中部、山西南部、河北中部等地超过30天。

特别指出的是，我国存在4个霾天气比较严重地区，即黄淮海地区、长江河谷、四川盆地和珠江三角洲，在霾多发的季节，生活和工作在这些地区的人们，或者到这些地区出差旅游的，一定要注意防范。

风速较小或出现静风天气，近地层空气流动性差，甚至出现逆温层，是霾形成的重要条件。我国东部地区城市和工业较西部集中，一方面，建筑物的阻挡以及摩擦作用，使风速减小和静风日数增多，有利于污染物堆积，即较西部更易出现有利于霾发生的气象条件；另一方面，东部人口比西部要多，人类活动也就较为频繁，以致工业污染排放、取暖烧煤排放、汽车尾气排放比西部要严重得多，为霾的出现提供了污染源，从而造成中国东部的霾较西部多。

世界$PM_{2.5}$咋分布

美国早在1994年就宣布在环境监测中增加$PM_{2.5}$的指标。1994—1996年间，开了多次研讨会，在1996年底发布了$PM_{2.5}$标准的征求意见稿。征求意见期间共接到14 000个电话，收到4000封电子邮件、50 000份书面或口头意见，而且多次通过听证会、会议、电视节目征求意见，最终于1997年9月16日发布了$PM_{2.5}$的标准，但尚未展开全国性的$PM_{2.5}$监测，直到1999年各州陆续开始监测，2000年$PM_{2.5}$监测步入常规化。

美国不仅对本国$PM_{2.5}$进行监测，还通过卫星对世界各地$PM_{2.5}$进行监测。美国国家航空航天局于2010年9月公布过一张全球空气质量图，展示了世界各地细颗粒物（$PM_{2.5}$）的密度分布情况（2001年至2006年细颗粒物平均值）。其中，北非和东亚的$PM_{2.5}$浓度明显高于世界其他地区，而在东亚，中国华北、华东和华中细颗粒物浓度较高，世界卫生组织认为，$PM_{2.5}$小于10微克/米^{3}是安全值，而中国的这些地区全部高于50微克/米^3，接近80微克/米^3，比撒哈拉沙漠还要高很多。

害人霾中有主凶

大气并非全气体

在介绍大气之前，我们不妨说一说自来水。它看上去是透明无色的，不过，开水壶用久了，就会发现开水壶内壁上会“长”出一层厚厚坚硬的、呈灰白色或黄白色的沉积物，它被称为“水碱”，俗称“水垢”。这种现象说明，看似清亮的自来水，并非全是水分子，而是含有其他物质的。检测表明，其中自来水中还包含一些有机物、微生物等。

众所周知，人们离不开的大气，和水一样，无色、透明，看不见、摸不着，所以又被称为“空气”，其实，空气并不“空”。类似自来水，大气成分并非全是气体分子。观测和研究表明，现在的大气是由多种气体和悬浮着的微粒组成的混合物。这种混合物含有三类物质：干洁大气、水汽和气溶胶粒子。干洁大气是指大气中所含的气体成分，其中对人类影响比较大的是氮、氧、臭氧和二氧化碳。

大气气溶胶泛指大气与悬浮在其中的固体和液体微粒共同组成的混合体系，狭义上，一般把悬浮在大气中的固体和液体微粒称为气溶胶。这些粒子的直径多在0.001～100微米，它们非常之轻，足以使其悬浮于大气之中。这些微粒，在气象科学中，称为气溶胶；而在环境科学中，叫悬浮颗粒物。

大气中处于悬浮状态的颗粒物主要有土壤、肥料、浓烟、盐等的小颗粒，以及火山灰和宇宙尘埃、微生物、植物孢子和花粉、小水滴、冰晶等。

可见，气溶胶粒子是由自然现象所产生的，像土壤微粒和岩石的风化，森林火灾与火山爆发所产生的大量烟粒和微粒；海洋上的浪花溅沫进入大气形成的吸湿性盐核；由于凝结、凝华或冻结而产生的自然云滴和冰晶。另外，还有宇宙尘埃等，像陨石进入大气层燃烧所产生的物质等。然而，应该注意到，人

图7 人类活动产生气溶胶的主要过程

类活动，特别是工业革命之后，由于煤、木炭、石油的燃烧和工业生产，产生大量的废气和废物；由于核武器试验所产生的微粒和放射性裂变产物等，它们构成了气溶胶粒子中带有显著污染性的成分。这些人类活动（如图7），是大气成分发生了明显变化。

尽管气溶胶在大气中的含量相对较少，可飘散在天空中的这些微小颗粒物，会对人类生存环境产生一定的影响。比如，使大气能见度变坏，降低空气质量，还能减弱太阳辐射和地面辐射，影响地面附近空气的温度。当固体颗粒沉降在叶片上时，它可以强烈地吸收太阳辐射，产生高温，灼伤叶片。这些物质还对叶片造成遮光，堵塞气孔，影响光合作用的正常进行。

PM是个大家族

如果是初次接触“$PM_{2.5}$”这一串字符，也许会让您看得云里雾里，不知所云。可以这么说，2010年以前，在我国百姓语言中，还没有“$PM_{2.5}$”这个舶来词。2011年12月4日，美国驻华大使馆监测到北京$PM_{2.5}$瞬时浓度为522微克/米^3，这是继2010年11月21日后美国驻华大使馆监测到$PM_{2.5}$瞬时浓度的第二次“爆表”。从这以后，$PM_{2.5}$开始被推到了我国舆论的风口浪尖上。PM是颗粒物（particulate matter）的英文缩写，PM是个大的家族，$PM_{2.5}$是其中的一个成员。

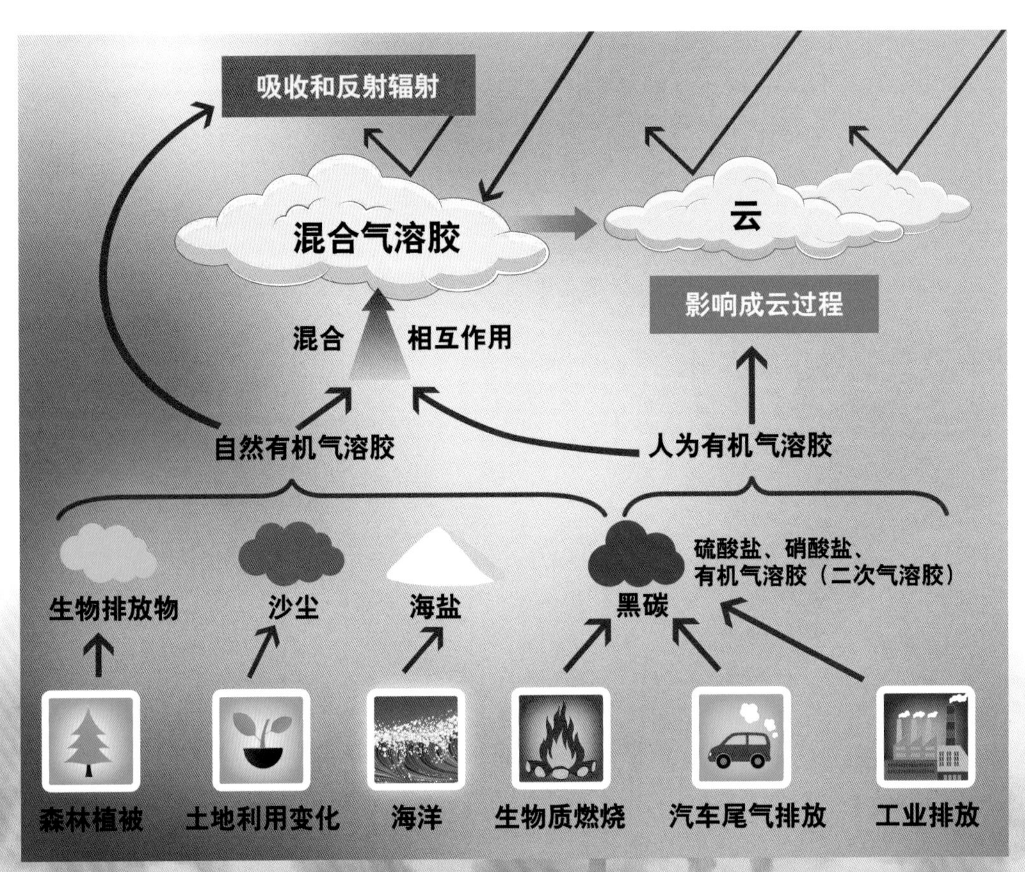

大气气溶胶来源示意图

在环境科学中，将PM按其直径大小来分类，一般分为总悬浮颗粒物（PM_{100}）、可吸入颗粒物（PM_{10}）和细颗粒物（$PM_{2.5}$）。其实，它们有一个共同的名字，就是在环境空气质量监测中使用的“悬浮颗粒物”。实际上，它与气溶胶概念大同小异，泛指悬浮在气体当中的微小固体或液体粒子。对于环境科学来说，悬浮颗粒物特指空气中那些微小污染物，它们是空气污染的一个主要来源。其中PM_{100}、PM_{10}、$PM_{2.5}$代表三类尺度大小不同的大气污染物，是PM大家族的主要成员，对人体健康和环境空气质量都有着重要的影响。一般用每立方米空气中的PM含量来表示其浓度，这个值越高，就代表空气污染越严重。

总悬浮颗粒物（PM_{100}）是指直径≤100微米的颗粒物。

可吸入颗粒物（PM_{10}）是指直径≤10微米，可以进入人的呼吸系统的颗粒物。

细颗粒物（$PM_{2.5}$）是指直径小于或等于2.5微米的固体颗粒物。$PM_{2.5}$是如此细小，肉眼是看不见的，人类纤细的头发直径大约是70微米，比$PM_{2.5}$的直径大了近三十倍。它可以直接进入人的肺泡,故又被称为可入肺颗粒物。

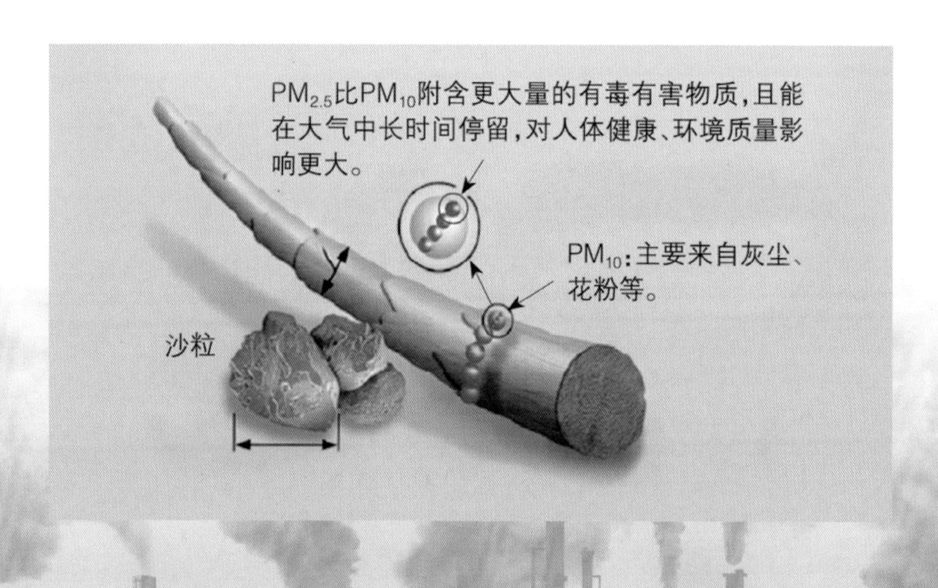

关于细颗粒物，在此多说几句，虽然它只是地球大气成分中含量很少的组分，但它对空气质量和能见度等有着重要的影响。这是因为细颗粒物粒径小，活性强，易携带有毒、有害物质（例如重金属、微生物等），且在大气中的停留时间长、输送距离远，因而对人体健康和大气环境质量的影响更大。还须指出的是，直径小于或等于100纳米（即0.1微米）的颗粒物带来的危害更为严重（柴油发动机产生的微粒直径通常在 100 纳米左右）。有证据表明，这些颗粒物可以通过细胞膜到达其他器官，特别是它可以进入大脑，有可能引发包括老年痴呆症的脑损伤。

$PM_{2.5}$来源有哪些

如前所述，由于$PM_{2.5}$是如此的微小，不及人的头发丝的三十分之一，肉眼是看不到的，因而不被人们注意。其实，$PM_{2.5}$在自然界中一直是存在的，过去人们虽然不知道$PM_{2.5}$这个舶来词，但是，在一些地点、一些时间还是采取了一些防御措施的，比如在医院里，特别是在病房或者诊室比较小的空间，医生和护士都会戴上口罩，为的是防御空气中的病菌和病毒（病菌和病毒就是一类$PM_{2.5}$）；再如在家庭厨房里做饭时，总是要打开抽油烟机，或者打开窗户，为的是尽快排出含有$PM_{2.5}$的烟气。

一般而言，粒径在2.5～10微米的粗颗粒物主要来自沙尘天气、道路扬尘等，粒径在2.5微米以下的细颗粒物（$PM_{2.5}$）主要是生产中使用的化石燃料经过燃烧而排放的残留物，汽车尾气、垃圾燃烧、金纸燃烧、焚香及燃烧蚊香、燃放鞭炮，甚至烹饪烟气、吸烟（含二手烟）都可能是$PM_{2.5}$的来源。

根据中国科学院大气物理研究所大气灰霾追因与控制专项组报告，北京$PM_{2.5}$来源中，燃煤、机动车、工业生产的贡献值加起来，高达52%，表明化石燃料燃烧排放是北京$PM_{2.5}$的主要来源，而外来输送占19%，也是不容忽视的。

再说贡献了成语“蜀犬吠日”的四川，据《四川日报》2013年3月14日报道，2013年3月11日，四川省环保厅召开雾、霾污染治理新闻发布会，通报了1—2月四川省先后两次出现严重雾、霾天气，指出城市空气污染正在向着煤烟型和尾气复合型污染转变。1月8日至20日的雾、霾波及成都等17个地级市。两次雾、霾天气过程中，成都市上空平均每天漂浮着相当于791.7吨的污染物，$PM_{2.5}$超标现象严重。四川省雾、霾污染主要来源为：工业类占22%～25%，机动车类占16%～20%，燃煤类占17%～20%，扬尘、油烟、秸秆燃烧、涂料溶剂类占20%～25%，其他占10%～18%。

$PM_{2.5}$标准是多少

$PM_{2.5}$标准的提出和实施还不到20年，最早是由美国在1997年提出的，主要是为了更有效地监测随着工业化日益发展而出现的、在旧标准中被忽略的对人体有害的细颗粒物。到2010年底为止，除美国和欧盟一些国家将细颗粒物纳入国标并进行强制性限制外，世界上大部分国家都还未开展对细颗粒物的监测，大多对PM_{10}进行监测。

根据$PM_{2.5}$检测网的空气质量新标准，24小时平均值标准值分级如下：

空气质量等级	24小时 $PM_{2.5}$平均值标准值
优	0～35 微克/米^3
良	36～75微克/米^3
轻度污染	76～115微克/米^3
中度污染	116～150微克/米^3
重度污染	151～250微克/米^3
严重污染	250微克/米^{3}以上

世界卫生组织2005年公布的《空气质量准则》中关于$PM_{2.5}$标准为：

项目	年均值	日均值
准则值	10微克/米^3	25微克/米^3
过渡期目标1	35微克/米^3	75微克/米^3
过渡期目标2	25微克/米^3	50微克/米^3
过渡期目标3	15微克/米^3	37.5微克/米^3

早在30多年前，我国于1982年首次发布空气质量监测标准，1996年进行了第一次修订，当时使用的是空气污染指数（API），2000年进行了第二次修订，其中PM_{10}的日均浓度标准为150微克/米^3，PM_{10}的这个标准一直执行下来。

对于$PM_{2.5}$，我国于2011年1月1日首次对$PM_{2.5}$的测定进行了规范，但在国家环保部进行的《环境空气质量标准》修订中，$PM_{2.5}$并未被纳入强制性监测指标。环保部 2012 年2 月29 日根据国家经济社会发展状况和环境保护要求对空气质量监测标准进行了第三次修订（《环境空气质量标准》（GB 3095—2012 ）），用空气质量指数（AQI）替代原先的空气污染指数（API）。这次修订增设了细颗粒物浓度限值。2012年5月24日，环保部公布了《空气质量新标准第一阶段监测实施方案》，要求全国74个城市在10月底前完成$PM_{2.5}$“国控点”监测的试运行。2012年10月11日，环保部明确提出了新标准实施（开展监测并发布数据）的“三步走”目标：2012年，京津冀、长三角、珠三角等重点区域以及直辖市和省会城市；2013年，113个环境保护重点城市和国家环保模范城市；2015年，所有地级以上城市；2016年1月1日，全国实施新标准。

我国于2016年实施《空气质量准则》为：

项目	年均值	日均值
准则值	35微克/米^3	75微克/米^3

口罩能挡$PM_{2.5}$吗

口罩作为一种防护用品，在生活中应用广泛。比如，遇上寒冷风沙天气，很多人外出求助于口罩，此时，口罩除了保暖外，更可以阻挡空气中的细菌、病毒、沙尘等颗粒物进入呼吸道。再如，在医院里，医生、护士戴上口罩，为的是隔绝医患之间飞沫传播。显然，口罩在这些情况下能起到过滤空气、除去污物的作用。不难认为，当出现雾、霾天气导致空气污染较严重时，戴上口罩不失为一种非常有效的防御方法。

由于$PM_{2.5}$很小很小，普通的棉纱口罩和时尚口罩的孔径比$PM_{2.5}$微粒大得多，所以谈不上对$PM_{2.5}$的过滤作用。只有N95口罩、KN90口罩和活性炭口罩能起到一定作用。实验表明，当外环境$PM_{2.5}$浓度为208微克/米^{3}时，N95口罩

2014年2月23日，山西省运城市新绛县，一位女士戴着口罩在灰蒙蒙的街头骑车出行

内的浓度为4微克/米^{3}，KN90口罩内为20微克/米^{3}，活性炭口罩内为171微克/米^{3}。但是，此类口罩并非人人都能戴，比如儿童、孕妇和老年人就不适合，还有像患有哮喘、肺气肿病和心血管疾病等的特殊人群要避免佩戴，以免呼吸困难，导致头昏。

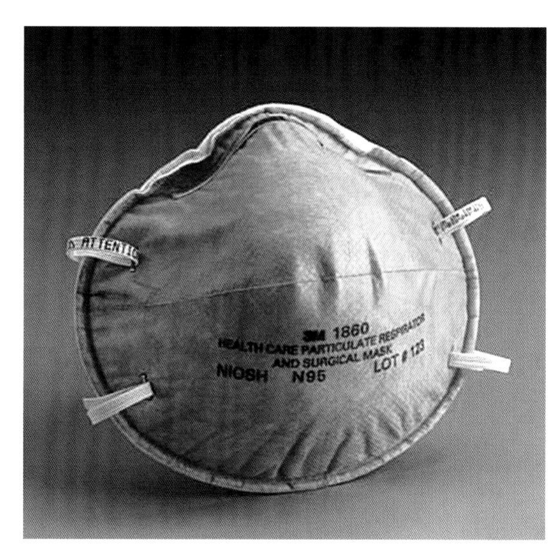

N95口罩

需要指出的是，口罩不宜长时间戴。从人的生理结构来看，人的鼻腔黏膜血液循环非常旺盛，鼻腔里的通道也很曲折，鼻毛也是一道过滤的“屏障”。当空气被吸入鼻孔时，首先，鼻毛能够滤去其中的一些颗粒物，而气流在曲折的通道中“行走”缓慢，从而被加温。测试表明，当-7 ℃的冷空气经鼻腔吸入肺部时，其气流已被加温至28.8 ℃，这就非常接近人体的温度了。如果长时间戴口罩，会使鼻腔黏膜变得脆弱，失去鼻腔原有的生理功能，所以人不能长时间戴口罩。建议在一些特殊的环境中使用口罩，例如在人多、空气不流通的地方，在寒冷有风沙的天气或空气混浊污染的环境中活动时，是需要戴上口罩的，但时间不宜过长，一般来说，不要超过4个小时。总之，戴口罩只是预防污染物进入呼吸道的方法之一，应该看作是保障身体健康的一种被动的辅助手段，而保障身体健康最重要的方式是坚持锻炼身体和保持良好的生活习惯。

身边“污气”有多少

汽车尾部毒气冒

世界上第一辆汽车是由德国人卡尔·本茨于1885年10月研制成功的，他于1886年1月29日在德国专利局申请到汽车发明专利，这一天被公认为是世界汽车的诞生日。一百多年来，汽车数量猛增，已经在各国经济发展中起着举足轻重的作用。

20世纪80年代以来，尽管汽车逐渐步入电子化、智能化，使驾乘汽车更加安全、舒适，但是，其所使用的燃料主要还是汽油。人们经常看到如下景象：公路上、城镇的大街小巷车水马龙，一股股浅蓝色的烟气从一辆辆机动车尾部的排气管滚滚喷出，特别是在上下班时间，堵车已司空见惯，而那滚滚烟雾更令人避之不及。

机动车尾部排出的这滚滚烟雾就是我们所说的汽车尾气，它泛指机动车辆（也包括其他设备）在工作过程中所排放出的废气（如图8）。

汽车尾气成分。汽车使用的汽油主要由碳和氢组成，汽油正常燃烧时生成二氧化碳、水蒸气等物质，但由于燃料中含有其他杂质和添加剂，且燃料常常不可能完全燃烧，就会有一些有害物质随之排出。汽车尾气成分在百种以上，其中对人危害最大的有一氧化碳、碳氢化合物、氮氧化合物、固体悬浮颗粒物等。特别要指出的是，汽车用油大多数掺有防爆剂四乙基铅或甲基铅，燃烧后生成的铅及其化合物均为有毒物质，城市大气中60%以上的铅来自汽车含铅汽油的燃烧。人体中铅含量超标可引发心血管系统疾病，并影响肝、肾等器官及神经系统的功能。由于铅尘比重大，通常积聚在距离地面1米左右高度的空气中，因此，对少年儿童的威胁最大。

汽车流动污染源。在世界各国，汽车尾气污染早已不是新鲜话题。20世纪40年代以来，主要由汽车尾气引发的光化学烟雾事件在美国洛杉矶、日本东京等城市多次发生，造成人员伤亡和巨大经济损失！进入21世纪，汽车尾气污

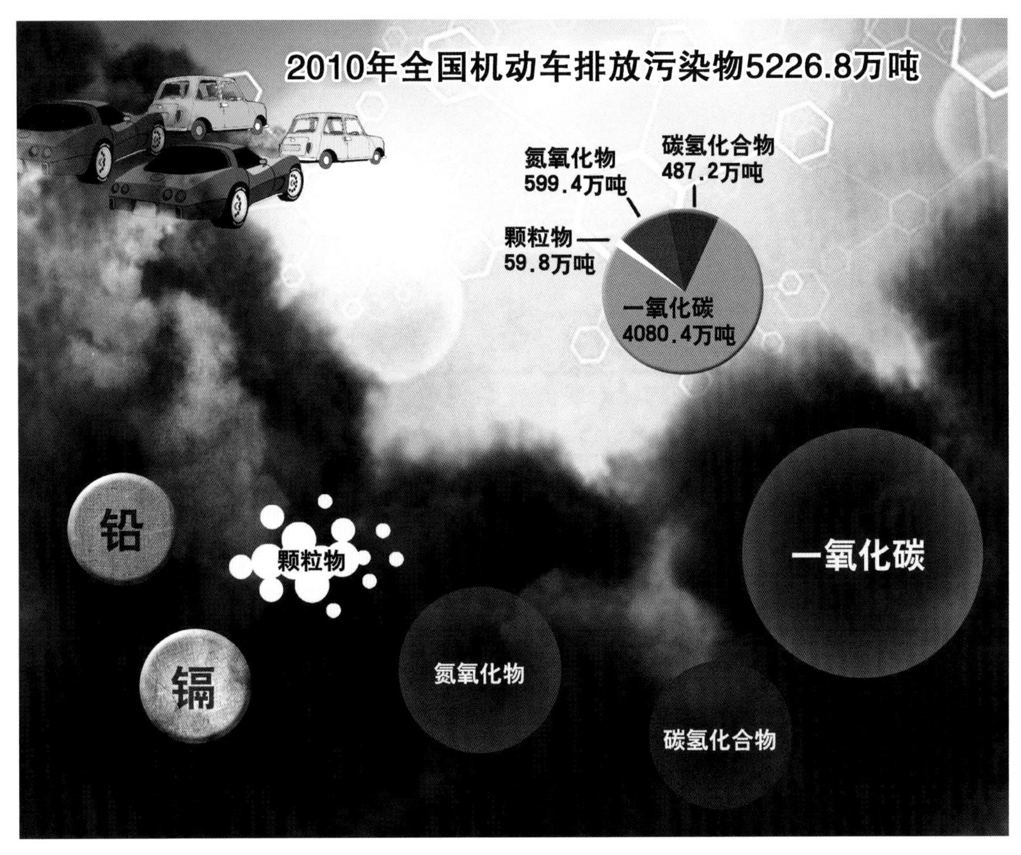

图8 汽车尾气及其排放的污染物

染日益成为全球性的环境问题。在车辆不多的情况下，大气的自净能力尚能化解汽车尾气。但是，在现代社会中，汽车已经成为人类不可缺少的交通运输工具。随着汽车数量的急剧增加，过多的汽车尾气排放特别是在大中型城市中，已成为一种主要的大气污染源。有关研究表明，21世纪初，汽车排放的尾气占大气污染的30%～60%，加上汽车废气的排放主要在离地面高度0.3～2米之间，正好属于人们的呼吸范围，对人体的健康危害就更为严重，所以必须高度重视这个流动污染源——汽车尾气的治理问题。

烟雾之解光化学

1943年7月8日清晨，当美国洛杉矶居民从睡梦中醒来，发现空气中弥漫着浅蓝色的浓雾，走在路上的人们闻到了刺鼻的气味，很多人不得不把汽车停在路旁擦拭不断流泪的眼睛。这种浅蓝色的浓雾的科学名称就是光化学烟雾。

烟雾产生。汽车、工厂等污染源排入大气中的碳氢化合物和氮氧化物等一次污染物，在太阳光的作用下发生化学反应，生成高浓度的臭氧以及醛类、酮类、过氧乙酰硝酸酯等二次污染物，参与光化学反应过程的一次污染物和二次污染物的混合物所形成的烟雾叫做光化学烟雾。其中臭氧对人类危害最为严重。

基本特征。光化学烟雾弥漫，呈蓝色，主要发生在相对湿度较低、气温为24～32 ℃、阳光强烈的夏秋季节。一般为白天生成，傍晚消失，污染高峰出现在中午或稍后。60° N～60° S之间的大城市，都可能发生光化学烟雾。城市和城郊的浓度通常高于乡村。世界上首例光化学烟雾于1943年发生在美国洛杉矶市。20世纪50年代以来，光化学烟雾事件在美国其他城市和世界各地相继出现，如日本、加拿大、德国、澳大利亚、荷兰等国的一些大城市就发生过。1974年以来，中国兰州的西固石油化工区也出现过光化学烟雾。

主要危害。一是损害人和动物的健康。主要表现为眼睛和黏膜受刺激、头痛、呼吸障碍、慢性呼吸道疾病恶化、儿童肺功能异常等。1943年美国洛杉矶的世界上首例光化学烟雾事件导致400多人死亡。日本东京1970年发生光化学烟雾期间，有2万人患了红眼病。二是影响植物生长。臭氧影响植物细胞的渗透性，可导致高产作物的高产性能消失，降低植物对病虫害的抵抗力。三是影响材料质量。光化学烟雾会促成酸雨形成，造成橡胶制品老化、脆裂，使染料褪色，建筑物和机器受腐蚀等。四是降低大气能见度，影响交通安全运行。

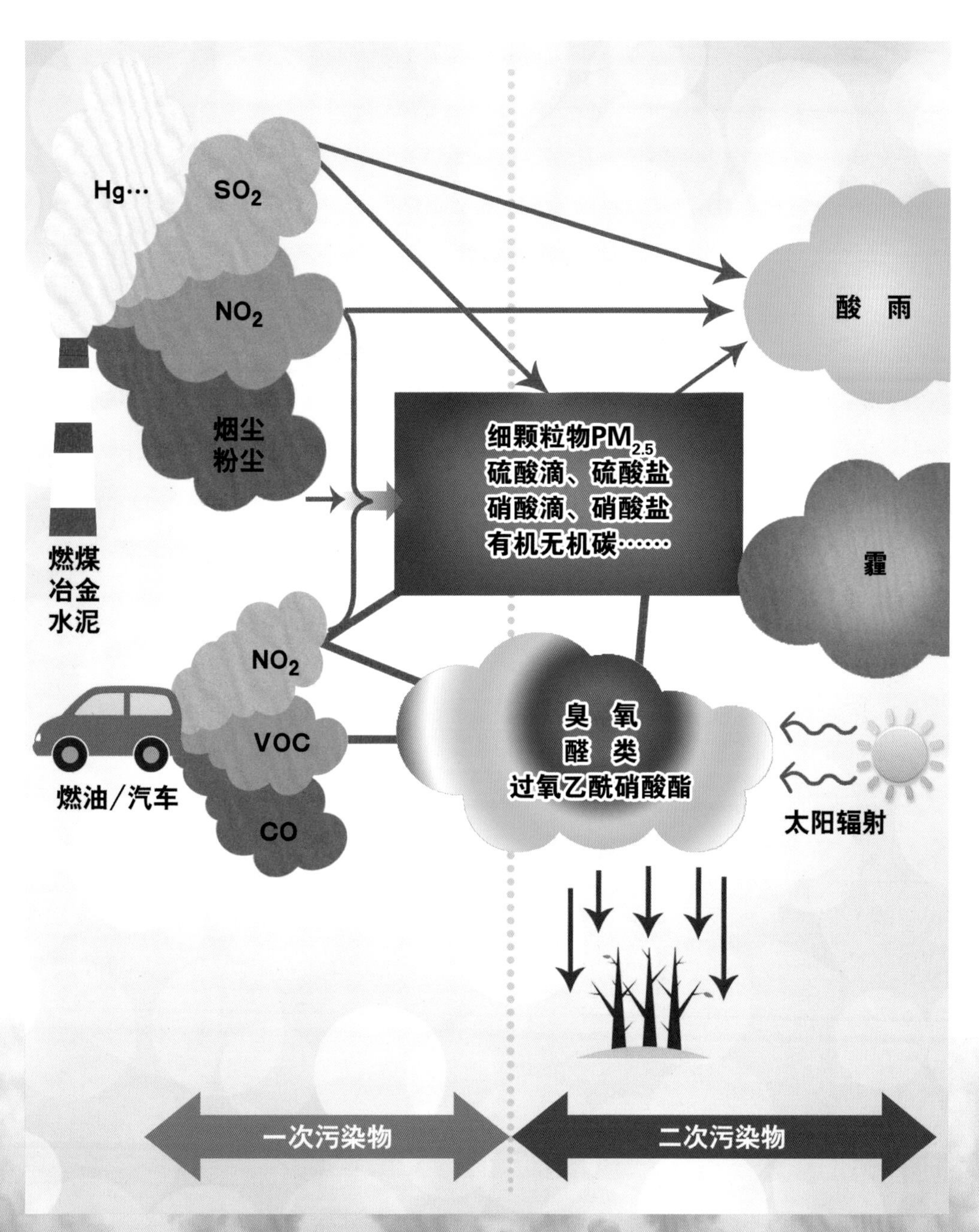

光化学烟雾产生示意图及一次污染和二次污染

因此，世界卫生组织和美国、日本等国家已把臭氧或光化学氧化剂（臭氧、二氧化氮、硝酸酯等的总称）的水平作为判断大气环境质量标准之一，并据此发布光化学烟雾的警报。并积极采取预防措施，减少氮氧化合物和碳氢化合物排放，大力提倡植树造林，绿化环境。

一家之“煮”油烟盯

1979年，美国一位名叫詹姆斯·路普斯的工程师用随身携带的一个可吸入颗粒物检测仪，测量并记录了他一天活动时大气中的可吸入颗粒物的浓度。这一天中，他去公司上班，在市区街道漫步，交通高峰时在大街上开车，中午在自助餐厅进餐，晚上在家里厨房做晚饭。记录结果表明，可吸入颗粒物的浓度最高的不是在大街上开车的时候，而是在家里厨房做饭的时候。

有俗语“民以食为天”。我国的饮食文化源远流长，已经形成许多流派，为社会所公认的有鲁、川、粤、闽、苏、浙、湘、徽等八大菜系。不论在家做饭，还是外出就餐，总避免不了油烟的气味。

烹饪油烟成分。烹饪油烟大致有三大类来源，即家庭厨房、饭店酒楼和街头露天烧烤。在高温烹调下，食用油和食物会发生化学反应，其生成物主要有醛、酮、烃、脂肪酸、醇、酯、杂环胺类化合物、芳香族化合物等，其中苯并[α]芘、挥发性亚硝胺、杂环胺类化合物等是已知的高致癌物，它们大都以烟雾形式（即油烟气）散发到空气中。

除了家庭厨房做饭外，城市化进程的加快和人们交往的频繁，使餐饮业得到飞跃的发展，餐饮业排放的油烟烟雾量大、面广、低空扩散性强。由于绝大部分饭店、酒楼位于闹市区或居民区，加上街头露天烧烤制造出滚滚浓烟，都为“烤糊”美丽的城市环境“添砖加瓦”。

厨房油烟

烹饪油烟危害。油烟随空气侵入人体呼吸道对人体健康造成的危害，医学上称为油烟综合征。一是易得心脑血管疾病。每天闻到油烟的人比没闻到油烟的人要容易得心脑血管疾病，这是因为油烟中的脂肪氧化物含有大量的胆固醇。二是损害呼吸道和肺。由于油烟中含有丙烯醛，油烟侵入呼吸道，可引起慢性咽炎、鼻炎、气管炎等呼吸道疾病。长期接触油烟的40～60岁女性患有肺癌的危险性增加2～3倍。三是伤害皮肤。油烟颗粒会造成毛细孔堵塞，加速皮肤组织老化，导致肌肤变得粗糙、出现皱纹、黑色素增多并转变为色斑。此外，油烟影响人体巨噬细胞功能，造成人体免疫功能下降；还会使人出现食欲减退、心烦、精神不振、嗜睡、疲乏无力等症状。有资料显示，在厨房（通风不良）里做饭一小时，相当于抽两支香烟。

链接　四招减少厨房油烟

为了别让油烟盯上一家之“煮”，首先必须选择质量合格的抽油烟机，其次可采取以下措施：

第一招，改变烹饪习惯，不要使油温过热。一般来说，油温不要超过200 ℃（以油锅冒烟为极限），这样不仅能减少油烟，而且从营养学角度来看，菜中的维生素也得到了有效保存。

第二招，不用劣质食用油和反复烹炸的油。在选择食用油时，应购买质量有保证的产品，避免劣质食用油在加热过程中产生更多的有害物质。

第三招，倡导绿色餐饮。建议少用炒、煎的方式做菜，多采取蒸煮、凉拌的方式，减少油烟排放。实际上，后者烹饪方法更容易保存菜肴的营养成分。

第四招，一定要做好厨房的通风换气。在烹饪过程中，要始终打开抽油烟机，即使没有抽油烟机，也一定要开窗通气。另外，要关上厨房门，以免油烟从厨房流入餐厅、客厅或者卧室。但是，如果自己居住的楼房利用窗口排烟的家庭比较多的话，应注意在做饭时尽量不要开窗通风，特别是在无风的天气或者气压比较低的时候，可避免外家的油烟通过窗户进入自家。

另外，食用油在常温下保存期较短，时间长了容易变味甚至变质，所以食用油应该现买现吃，不要大量长期存放。

吞云吐雾不悠闲

我国古人就认识到烟草是大毒，明代中医药精华汇编《滇南本草》记载：“烟草，性温，味辛麻，有大毒。”清代老年养生专著《老老恒言》中说：“烟草味辛性躁，熏灼耗精粹，便昏昏如醉也。”可是，如今却有人说：“饭后一支烟，赛过活神仙。”当瘾君子陶醉于“吞云吐雾”而悠闲自得的时候，应该意识到他正在不知不觉地受到香烟中的有害物质残酷的进攻，同时也在侵犯着在他周围的人们。

香烟烟气的主要成分。香烟点燃时所释放的化学物质有4000多种，主要是焦油和一氧化碳。其中对人体有害的物质大致分为六大类：（1）醛类、氮化物、烯烃类，这些物质对呼吸道有刺激作用；（2）尼古丁类，可刺激交感神经，引起血管内膜损害；（3）胺类、氰化物和重金属，这些均属毒性物质；（4）苯并[a]芘、砷、镉、甲基肼、氨基酚、其他放射性物质，这些物质均有致癌作用；（5）酚类化合物和甲醛等，这些物质具有加速癌变的作用；（6）一氧化碳，它能减低红细胞将氧输送到全身去的能力。

那么吸烟与$PM_{2.5}$有什么关系呢？北京市环境研究专家王秋霞作过调查，“一口香烟吸进去的颗粒，接近100%都是$PM_{2.5}$，吐出的烟圈也是如此。在有人吸烟的室内，检测出的$PM_{2.5}$，90%来源于二手烟中的微颗粒物。”

烟草对人体的危害。当一支烟被点燃，并被一口一口地吸入体内时，其烟气顺着呼吸道，可对人体的许多生理器官（如大脑、心脏、肺、胃、肾、生殖器官、皮肤等）产生严重影响。有资料显示，1支烟中的尼古丁可毒死一只老鼠； 25支烟中的尼古丁可毒死一头牛；40～60毫克的尼古丁可毒死一个人（需

三个手势劝烟

要说明的是，通常1支烟中的尼古丁含量是20毫克，但由于烟草类型不同也会有些差异，而且并不是每支烟中的尼古丁都会完全被人体吸收）。

话说戒烟。吸烟习惯的养成，主要与生理、心理和社会三个方面有关。生理上，就是表现为人体对尼古丁的依赖；心理上，就是把吸烟当成生活的一部分，即有吸烟动作的习惯，喜欢香烟的味道；社会上，就是把香烟当成一种社交的手段，或者把香烟当成某种身份的标志。因此，要使戒烟成功，必须从这三方面入手。戒烟需要你有坚定的决心和毅力，戒烟后感到不适，可以用戒烟药物帮忙。为避免再吸烟，请不主动买烟，不要接受他人敬烟。

周杰伦之《二手烟》

著名歌手周杰伦的《二手烟》中有这样的歌词：“从你嘴巴吐出，从我鼻孔进入……那么轻易，你竟然可以烧毁我……”这可以看作是对平日里喜欢吞云吐雾的烟民们的一份“起诉书”。

在日常生活中，由于文化、生活习惯和环保意识的差别，在吸烟者众多的形势下，很少有不吸烟人（包括青少年）能摆脱这种烟雾的袭扰。据调查，我国二手烟暴露率最严重的3个场所依次为，公共场所72%、家庭67.3%、工作场所63%。

何谓二手烟。二手烟又称被动吸烟，即不抽烟的人吸入其他吸烟者喷吐的香烟烟雾的行为，他们可能遭致与吸烟者同样的伤害。被动吸烟15分钟以上时，就认为二手烟现象成立。在通风不良的场所，不吸烟者1小时内吸入的烟量，平均相当于吸入1支香烟的剂量。

二手烟由两种烟雾构成，一种是吸烟者呼出的烟雾，称为主流烟；另一种是香烟燃烧时所产生的烟雾，称为分流烟。不吸烟的人无论吸入哪种烟雾，都算二手烟。更值得注意的是，分流烟中的一些有害物质比主流烟含量更高，如一氧化碳，分流烟是主流烟的5倍；焦油和烟碱是3倍；氨是46倍；亚硝胺（强烈致癌物）是50倍。

儿童和妇女“最受伤”。按体重比例换算的话，儿童比成年人要呼吸更多的空气，从而会吸入更多的污染物。再加上儿童好动、自我保护能力较差和免疫功能不健全等原因，他们最容易受到二手烟的伤害。据世界卫生组织评估，二手烟对儿童健康的危害主要有：引发儿童哮喘、婴儿猝死综合症、气管炎、肺炎和耳部炎症等。

很多女性面对二手烟无可奈何，因为她们中不少人的丈夫就是烟民。对于丈夫每天吸20支以上香烟的妇女，患肺癌概率要比普通妇女高出一倍。与吸烟者共同生活的女性的生殖系统更容易出现如月经不调、更年期提前、生育率下降和孕期失常等症状。

如何防范二手烟伤害。首要的是吸烟者一定要遵法守纪，做到少抽或不抽烟。不吸烟的人更应该采取自身力所能及的手段，来防范二手烟的危害。一是在客厅等抽烟环境中，可使用空气净化设备，摆放一些绿色植物如吊兰、常青藤等；二是多吃新鲜蔬菜水果，可降低肺癌的发病率；三是多喝水，多排尿，多运动，多排汗，以加速排出体内尼古丁等有害物质；四是用适当方式告诉身边的烟民朋友和同事，你不喜欢闻烟味。

链接 三手烟

“三手烟”是指香烟发散、长期滞留（即使二手烟清除后）在墙壁、家具、衣服甚至吸烟者头发和皮肤上的不可见但有毒的微粒和气体。“三手烟”这个名词是2009年由美国哈佛大学小儿科助理教授温尼科夫博士等提出的。

三手烟与二手烟相比，在于它滞留时间要长。在烟雾散尽之后，其中的致癌物含量的一半以上仍能在室内停留至少两个小时。这些残留物还可能与室内的其他污染物发生反应，然后形成一种有毒的混合物，比如致癌物质亚硝胺，“扎根”在物体表面，更难以清除。特别是烟民曾经待过的地方，如卧室、车内、沙发等，更是暗藏隐患的危险区。三手烟对孩子的潜在危害更大，这是因为他们成天爬来爬去，嬉戏玩耍，经常接触到被污染的物体表面，这些残留物不仅会沾满他们的双手，而且可能被食入。研究表明，父母尽管在室外吸烟，但是，由于三手烟的影响，吸烟家庭中婴儿体内尼古丁的含量比不吸烟家庭婴儿高7倍。

对待三手烟，最好的办法就是，一闻到烟味赶快离开并少与吸烟的人接触。也可以采取下面一些防范措施：用好烟灰缸，可以在烟灰缸里放茶叶渣（可以是喝剩的茶渣晒干），或者橘子皮；二是建议吸烟者回家后立即脱下外衣并清洗，更要清洗裸露的皮肤，比如手、面部。基于三手烟即使在吸烟时开窗或开风扇也无法完全清除的特性，烟民到室外吸烟也不足以防范三手烟，所以最根本的措施应该是戒烟。

居家异味有害处

室内是个相对封闭的微小环境，包括居室、办公场所、公共场所以及各种交通工具。其中居室是人们休息、睡眠和学习的场所，又是家庭团聚、儿童成长、老人颐养天年的地方。人们每天大约有80%的时间是在室内度过的，呼吸的空气主要是室内空气。然而，室内存在着各种各样的污染物：室外大气污染物借通风换气进入室内；室内取暖做饭产生的烟尘和有害气体；人们在呼吸过程中排出的气体，人体皮肤、器官及不洁衣物、器具（特别是装修、新购家具）散发出的不良气味；人们从室外带入的各种微生物（如细菌、病毒）等，概括起来，室内污染物有三大来源，即室外污染、室内污染和人类自身活动，从而形成了居家异味。

“人体气味”就是这类异味来源之一。研究表明，人们呼出的气体，排出的尿、大便、汗液等中的有毒物质都在百种以上，它们主要是二氧化碳、一氧化碳、丙酮、苯、甲烷、醛、硫化氢、醋酸、氮氧化物、胺、甲醇、氧化乙烯、丁烷、丁二烯、氮、甲基乙酮等。实验证明，人体气味随着二氧化碳浓度的增加而相应增加。当二氧化碳浓度达到0.07%时，少数敏感的人就会感觉到不

警惕这些室内污染源

室内清新剂、维修保养用品
刺激性有害物质容易挥发

玩具
铅、塑料软化剂、毛绒玩具的尘螨等

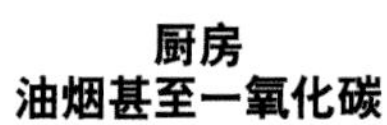

厨房
油烟甚至一氧化碳

橱柜、地板、瓷砖粘胶和涂料能挥发甲醛等有害气体

沙发
表面布料容易藏污纳垢

室内污染六大表现

气味刺眼刺鼻

室内植物
不易成活

呼吸道疾病
及过敏反应

家人易感冒、易疲劳

免疫力下降
胎儿畸形

清晨憋闷恶心，
头晕目眩

室内污染源

良气味，并有不适感；当二氧化碳浓度达到0.1%时，空气的性状开始恶化，人出现显著不舒适的感觉；当二氧化碳浓度达到2%时，人就会感到头痛；当二氧化碳浓度达到3%时，人的呼吸开始困难；当二氧化碳浓度达到 6%时，人的视觉受到损害；当二氧化碳浓度达到 10%时，人会神志不清。

可能您会有这样的感受和做法：当家里来了客人，您会把他们迎进客厅，沏上茶水，递上香烟，于是，屋里便烟雾腾腾；待客人走后，您肯定会打开窗户通风换气。实际上，这就是您在自觉地清除室内异味。

同样，人们也都会有这样的感受，在拥挤的车船、人比较多又比较密闭的公共场所或办公室等处，如果没有开窗，或者通风不良，常常有一种扑鼻难闻的异味，轻则使人感觉不适，重则使人恶心、呕吐，甚至出现虚脱现象。

因此，在旅途中，在公共场所，在家中，最好经常打开门窗，定时排放浊气。如果在车船或者公共场所感到不适，应立即到外面呼吸比较新鲜的空气。较为根本的是，须讲究个人卫生，如勤洗澡、勤换衣。

花粉过敏也难受

阳春三月，春暖花开，虽然是出游的大好时节，却也是人们最易患花粉过敏的“讨厌”季节，因此，春天一定要防备花粉过敏。

什么是过敏。过敏是人对某些物质（过敏原）的一种不正常反应。过敏原有花粉、粉尘、化学物质、紫外线等上百种，只有当过敏体质的人接触到过敏原时才会发生过敏反应，从新生儿到中老年人的各年龄段都有可能发生，没有明显的性别特征，但有显著的遗传性。

产生过敏的主要原因有两个方面：一是由于饮食中摄入了大量的鸡蛋、肉制品等高蛋白、高热量饮食，导致体内产生抗体的能力亢进，因而遇到花粉等抗原时，就容易发生过敏反应。二是因为大气污染、水质污染及食品添加剂的大量应用，导致人体接触更多的抗原物质，促使人类发生变态反应性疾病。

花粉过敏

什么是花粉过敏。花粉可以成为霾的组成成分之一，直径一般在30～50微米，它们在空气中飘散时，极易被人吸进呼吸道内，有花粉过敏史的人吸入这些花粉后，会产生过敏反应，这就是花粉过敏症。花粉过敏的主要症状为打喷嚏、流鼻涕、流眼泪，鼻、眼及外耳道奇痒，严重者还会诱发气管炎、支气管哮喘、肺心病。花粉之所以会引起人体过敏，是由于花粉内含有丰富的蛋白质，其中某些蛋白质是产生过敏的主要致敏原。除花粉外，螨虫、病毒等微生物，宠物的毛以及紫外线等接触皮肤或吸入呼吸道，也可能引起过敏，如图9所示。

花粉过敏不仅在成人身上会有所表现，有的儿童也会有症状表现：一是“花粉过敏性鼻炎”，表现为鼻痒、打喷嚏、流涕、鼻塞、呼吸不畅等；二是“花粉过敏性哮喘”，表现为阵发性咳嗽，呼吸困难，有白色泡沫样黏液，易发作突发性哮喘并逐渐加重；三是“花粉过敏性结膜炎”，表现为小儿的眼睛发痒、眼睑肿胀，并常伴有水样或脓性黏液分泌物。

图9　过敏原示意图

如何避免花粉过敏

1.避免接触

待在室内：在花粉浓度高的季节最好待在室内，关闭门窗，以减少室外致敏花粉的进入；尽可能在屋内晾衣服（用干衣机更好），不要在室外晾衣服，否则衣服、被单、床单等容易沾染花粉。

少去室外：白天尽可能少去室外，尤其是花粉指数高的时间，例如晴天时的傍晚；如要做户外活动，尽可能选在花粉指数最低的时候，如清晨，或是一场阵雨之后；尽量少去花草、树木茂盛的地方，更不要随便去闻花草，尽量避免与花粉直接接触；外出郊游时最好戴上帽子、口罩和穿长袖的衣物，戴上眼镜或者太阳镜，使用隐形眼镜的建议换用有镜片的眼镜；带上脱敏药物；外出回来后要换上干净的衣服，及时清洗手和面部。

2.饮食注意

避免刺激性食物：一般来说，辛辣的食物会使血管扩张，皮肤发红，加重花粉过敏，因此，花粉过敏者要避免食用；还要远离一些易引起过敏的刺激性食物，比如羊肉、甜食、酒等；此外，要慎食野菜，因为吃野菜会引起对紫外线的敏感，使皮肤红肿，加重花粉过敏症状。另外，有过敏症的吸烟者应停止吸烟。

少食用高蛋白食物：花粉过敏者在花粉指数高的期间，应尽量少吃高蛋白质、高热量的食物，少食用精加工食物。

雾、霾危害不小觑

路遇雾、霾交通难

众所周知，一百多年前，英国巨型油轮“泰坦尼克”号处女航时撞上了冰山而沉没，祸不单行，两年后，发生了“爱尔兰皇后”号雾海沉没惨案，当时同样震惊了全世界。1914年5月28日，英国豪华客轮“爱尔兰皇后”号从加拿大蒙特利尔启航，行驶在圣劳伦斯河上，准备经圣劳伦斯湾横渡大西洋返回英国。凌晨2时以后，在茫茫海雾中，迎面驶来的挪威货轮“斯多尔恩塔德”号像破冰船一样插入“爱尔兰皇后”号的右舷，随着货轮“倒车”，海水从被撞出的大窟窿咆哮着涌入“爱尔兰皇后”号船舱，此船很快就命殒海底，导致1014人死亡。

造成“爱尔兰皇后”号命殒大海的客观原因是那咫尺难辨的茫茫海雾。出现浓雾（也包括阴霾）时，视野模糊不清，有时只能看到几米、几十米远的地方，甚至相距咫尺，也难辨认。面对这样的雾（霾）帐，海、陆、空交通，即使是智能化的现代交通工具，也只能无奈地以“暂停”应对之。如果在雾（霾）帐中贸然急行，会像“盲人骑瞎马” 一样危险，极易引发交通事故。长期以来，被其夺去鲜活生命的事故，屡见不鲜。

陆上交通事故。据统计，高速公路上因雾等恶劣天气造成的交通事故，大约占总事故的1/4。2000年9月4日6时30分的一场大雾，致使京沈高速公路发生重大车辆追尾事故，近百辆汽车追尾相撞，34辆受损，5人死亡。2011年10—11月，我国中东部大雾天气多发，局部地区能见度小于50米，仅10月7日这一天，全国公路上有50多人因大雾造成的车祸而死亡。

空中交通受阻。据历史资料统计，国内航班不能正常起降的事件中，因雾的影响占78.9%，国外航班占57%。为了旅客安全，遇有大雾天气，不得不关闭机场。2000年10月2日，不少京城百姓本想乘飞机到外地好好度过国庆长假，但

2016年12月5日，重庆多地大雾弥漫，交通受阻，车流缓慢

京珠高速公路广东境内北段1999年1月有、无雾时的对照照片

不料雾“锁”首都机场，110架进出港航班延误，3000多名旅客滞留。2014年10月25日，北京因雾、霾严重，首都机场能见度只有200米，飞机无法降落。俄罗斯航空SU200航班没有备降，午夜在内蒙古上空盘旋约1个半小时，持续绕行了8圈半，直到冷空气抵达，才于26日2时10分降落首都机场，晚点90多分钟。

海上交通事故。江河湖海上的航运同样深受雾、霾的“伤害”。比如，2000年6月22日，四川合江县“榕建号”客船，由于严重超载、冒雾航行，加上违章操作，最终倾覆长江，导致130人死亡，震惊全国。

雾、霾迷途啥原因

浓雾阴霾，虽然不像狂风、暴雨、暴雪、雷电那么直接，那么猛烈，却能无声无息地“占据”着交通线路，导演出一幕一幕恼人心扉的恶作剧：高速公路关闭、航班延误、航运暂停，有时还会在人们不经意之间突然“发难”，制造出惊天动地的血光之灾（比如汽车相撞、飞机失事），其惨烈程度并不亚于风雨雷电。如今，现代交通发展很快，火车提速、高速公路里程迅速延伸、航班增加等，更应注意浓雾阴霾对交通的影响。

浓雾阴霾会产生迷途效应，有以下几个原因：

一是雾、霾的能见度低。雾、霾直接影响司机的视程，使其无法分辨清楚前方的障碍物，如果处置不当，就会酿成事故。

二是雾的突发性。浓雾造成的能见度下降有时是一个剧降过程，能见度从几千米降至200米以下只有几分钟的时间，司机感觉好象突然从明亮的地方进入“黑暗”区域，不仅缺少思想和操作上的准备，还会有“人在雾中迷”的感受，产生烦躁、惧怕出事故的恐惧心理，往往容易出现应对错误或者反应滞后的操作方式。

在雾、霾天气里行驶在北京国贸附近的车辆（2013年1月13日）

三是浓雾的生消具有明显的局地性，会使司机很难及时调整车的速度及车距而发生追尾事故。

四是浓雾会造成路面湿滑，从而影响车的制动效果。

五是浓雾阴霾对司机的生理和心理产生一定影响，如前述的烦躁、恐惧、应对错误、反应滞后等；还有，就是浓雾大多出现在下半夜到清晨，此时有的司机处于疲劳、困倦状态，反应能力下降，加上急于赶路，以求早点到达目的地休息的焦急心理作怪，也是在浓雾阴霾天气下事故多发的潜在因素。

六是上述种种因素共同在起作用，即在浓雾阴霾天气条件下，各种不利因素在起着不同程度的作用，从而加剧事故的发生。

链接 团雾——高速公路上的“流动杀手”

团雾属于辐射雾，就像落在地上的云彩，一团一团的，故得名团雾。当低层水汽条件比较好的时候，尤其是雨后一到两天，如果天气晴好就比较容易出现。由于它具有突发性、局地性、尺度小、浓度大等特点，极易引发交通事故，因此，被称为高速公路上的“流动杀手”。团雾一般出现在深秋和冬季昼夜温差较大、无风的夜间或清晨。

团雾常在高速公路上出现的原因

一是由于高速公路路面夜晚降温明显，以致昼夜温差大；二是公路附近的一些污染源，如秋季焚烧秸秆、工业粉尘污染、汽车尾气排放等，使得公路附近空气中微小颗粒物（起凝结核作用）增加。由于团雾预报难、地域性又很强，车辆难以提前得到通知或警示，等驾驶员意识到有雾的时候，已经进入团雾中了。有时驾驶员刚从一团雾中出来，下一团雾又在不经意间降临，让人防不胜防，以至于常常造成多车连续追尾事故。

高速公路上团雾的防范要点

如果行驶中观察前方有团雾，应减速驶入最右侧车道，然后就近选择道路出口缓慢驶出或进入附近服务区暂避，等待团雾消散。

如果车辆一旦进入团雾区域，应立即减速，打开所有车灯，可通过路面标线及前车尾灯引导视线，切记不能就地停车。如果不能驶离高速公路，应选择紧急停车带或路边停车，并按规定开启危险报警闪光灯和放置停车警示装置，并将车上乘员转移至安全地带，等能见度好转时再继续行驶。

最重要的是，关注公路交通部门提供的团雾多发路段的信息，尽量避开团雾多发的夜晚或清晨上高速；如果已在高速公路上，应与前车保持足够大的车距。

“雾牛”哞哞报警来

每逢春夏之交，青岛地区海雾多发，遇上这样的天气，天空显得异常朦胧灰暗，即使白天也要开灯照明。特别是雾日连续几天，会给人一种烦闷感。就在这个时候，青岛城市上空会出现一种粗犷低沉的“哞哞”吼声，犹如一头老牛在水中吼叫。

青岛雾牛示意图

对那些初来青岛的旅游者，在雾天听见这种“哞哞”的声音，因为不见其影，总会觉得有几分神奇的色彩。但这对于青岛居民来说，已经习以为常了，他们认为，大海中有一头护卫人间安危的神奇“老牛”，遇上大雾，就会吼叫，以引起人们提防大雾，因而称之为“雾牛”。所以他们一听到这种声音，就认为是“雾牛”报告有大雾来了，要注意提防啊。尤其对那些在雾海中航行的海员来说，更是一种危险天气的警示，也可以被温馨地看作是亲人们的祝福声：“平安吧！平安吧！”

人们称为“雾牛”的吼声，其实是一种导航设备发出的报警声，导航设备的关键部件是一个电动的雾笛。每当海面出现大雾（雪、暴风雨或霾等）天气时，海上能见度小于2海里①，一般经常使用的灯光或其他目视信号就不起作用了，而用声响进行导航，“雾牛”就是属于声响导航的一种。

春夏之交，受渤海冷水团的影响，沿山东半岛向南流经的海水温度要比周围低，此时南来的暖湿气流频频北上，青岛附近海域正处于冷暖气流交汇的地方，极易形成海雾。在雾季里，青岛平均每月有雾日多达12天。可见，“雾牛”实际上就是要提醒人们注意防雾的。

“雾牛”是20世纪初德国人修建的，实际上是一种电雾笛，其工作原理与我们常见的蒸汽火车头上的汽笛原理是一样的。1954年，我国重新在青岛团岛灯塔附近装上了电雾笛。这种电雾笛就是一个大功率的电喇叭。电喇叭安装在塔的顶部，喇叭口正对着进出青岛港的航道。当海雾来临时，人工启动开关，电雾笛便每半分钟鸣发4次响声，周而复始，直至能见度大于2海里时，才关闭。雾笛的安装点位于青岛市区的西南角，临近胶州湾畔，雾笛响声可传送5海里之远，能够回响在整个胶州湾和青岛市区，所以初到青岛观光的人们，很难辨别出声音的确切位置，仿佛就是从海上传来的“哞哞”的老牛叫声。

① 1 海里 =1852 米

沈阳“动脉”大出血

输电线路被看做是类似铁路线的城市和国民经济各行各业的大动脉。人的动脉断血，意味着一个人死亡；输电线路断电，意味着城市瘫痪、企业停产、电气化铁路中断。我国东北大城市沈阳就发生过一次“动脉”大出血事件。

那是在2001年2月22日凌晨1时30分左右，从沈阳市辽中县孙家变电所开始，全市9区4县12个变电所几乎同时发出可怕的爆裂声，电网区内火花四处溅射。几乎就在一瞬间，因为断电，沈阳这座拥有近700万人口的庞大城市陷入了无边的黑暗之中。

机场、医院、煤矿、玻璃厂、炼钢厂、制药厂……沈阳市几乎所有的重要部门在第一时间接到了来自电业局的紧急通知，他们被告知随时有可能停电。因为停电，沈阳桃仙机场往日灯光明亮的候机大厅顿时笼罩在一片黑暗之中，办理登机手续的各柜台都点上了蜡烛。机场紧急关闭，各航班停止起降。沈阳的交通本来就很拥塞，突然断电又使市内近90多个交通岗的信号灯无法正常使用而更堵了。沈阳交通指挥部门，几乎动用了所有能够动用的警力上路维持秩序，共有1200多名交警上路指挥交通。几乎就在整个沈阳市突然陷入黑暗的一刹那，沈阳市20多个水源地区因停电而中断供水。因停电而停止供水的用户占全市的三分之二左右，大部分小区的加压泵站因停电而停止工作，全市约有400多个小区的供水无法上楼。

从2月22日突然断电那一刻起，沈阳市电业局紧急调动了1500多人、100多辆车对受损电路进行抢修。粒径14个小时左右到22日下午3时多，全市90%的线路得到了恢复。

沈阳“动脉”为什么会大出血呢？事后分析表明，是大雾天气在作祟。在22日凌晨1时左右，沈阳街上的夜行人就感受到了那场突然袭来的茫茫大雾。

气象分析指出，当年2月下旬，一场冷空气过后，华北平原到东北南部处于高压后部，偏南风携带水汽进入这些地区。21日晴朗少云，夜间辐射冷却强烈，加上微风的湍流作用，在上述地区先后出现大雾天气。22日沈阳这场大雾是从辽宁西部大平原地区经辽阳、辽中县向沈阳市弥漫过来，随后“流”入了沈阳市区“河流汊道”般的大街小巷里。

大雾仅仅是引起“污闪”的外因，空气质量低下造成网路中瓷瓶结垢才是内因。沈阳及其周边地区自新中国成立以来就是我国的重工业基地，这里烟囱林立，烟雾弥漫；加上冬季取暖，大量燃烧的煤烟使空气中粉尘、有害物含量过高，必然会使瓷瓶蒙上厚厚的污垢，为发生“污闪”断电事故种下了隐患。

电网跳闸因污闪

2012年1月1日上午，从西安发车的郑西高铁D1002次动车两次因故停车，乘客两次换车，期间曾被关在车上半个多小时。西安铁路局相关部门负责人确认，D1002次列车的确出现两次被称为“爆闪”的换车事故，这是由于受雾、霾天气影响，列车启动时高铁受电弓与接触网产生火花，从而导致断电跳闸。

在输电网路中有许多瓷瓶（位于输电支柱上）作为绝缘物支撑着导线。如果在它们表面因污秽物或其他附着物聚集，在潮湿天气（比如雾）里，由于瓷瓶表面污秽层的吸潮作用，在绝缘物表面形成了一层潮湿导电的薄膜，使绝缘耐受电压大大降低，从而会造成瞬间短路，引起网路开关跳闸、掉闸等断电故障，这种现象称为“污闪”。可见，污闪形成应具备三个要素，即绝缘物表面积污、污秽层湿润和电压作用。

高压线上的瓷瓶

电力部门为保持瓷瓶的干燥和绝缘性能，把瓷瓶外表设计成波纹伞状的凸凹面。遇到雨天，雨水不易直接由瓷瓶上部流到下部形成水柱接地而短路；而晴天时空气中的灰尘落到瓷瓶上又大多被凸出的部分挡住，不易落到凹进的部分，从而延长了瓷瓶的绝缘安全距离。然而，当空气中灰尘和污染物较多时，不免会使瓷瓶各个部位变脏，填充了瓷瓶表面的纹路。一旦遇上连续雾、霾天气，瓷瓶上的吸湿性污秽物被浸湿后，就成了带电体，或者瓷瓶表面积污和受潮部位、程度不同，引起瓷瓶外表周围电压分布不均，在高压下，瓷瓶绝缘性能也可能被破坏而失效，使漏电加大，严重时产生电弧，引起线路放电或断电，于是出现了“污闪”现象。

陕西气象台在2011年12月31日发布了大雾黄色预警：陕西省延安南部、铜川及关中地区将出现能见度小于500米的雾、霾。2012年1月1日8时30分继续发布大雾黄色预警信号：预计未来12小时西安能见度小于200米，局地能见度不足50米。这证实了1月1日西安出现了雾、霾天气。

雾、霾引发的“污闪”现象造成的断电，不仅会使电力机车停运，而且会造成城市运行停顿甚至瘫痪以及各行各业停产的状态，特别是在那些空气质量不太好的地方。无数事件表明，“污闪”危害非常严重，所以我们应该认真提防它。

为防范“污闪”的发生，特别是在多雾、霾的秋冬季节，气象部门要及时为当地政府部门，特别是铁路、环保、电力等雾、霾敏感部门做好预警服务，并收集灾情，做好应急响应。

电力部门要合理安排线网清扫周期和改进清扫方法，加强对雾滴附着瓷瓶的导电率研究及瓷瓶质量监测检查，改进输电线路抗污强度标准等，特别是要根据天气预报，针对可能出现持续的雾、霾天气要增加巡视次数，及时清扫瓷瓶上的污物。

尽管坚持进行长年清除绝缘物表面的污秽是防止“污闪”事故发生非常有效的措施，然而，一次次的灾害事件表明，造成“污闪”事故的内因是环境问题。因此，加强环境治理，给输电网路周围营造一个清洁的环境，乃是防治“污闪”的根本出路。

雾（霾）幕下的哈尔滨

20世纪80年代中期，一部描写抗日地下斗争的小说《夜幕下的哈尔滨》风靡全国，它讲述的是20世纪30年代处在日寇与伪满的黑暗统治下的哈尔滨，垂垂夜幕，天空阴霾，在中国共产党领导下，哈尔滨市的中共地下党员及爱国人士与日本侵略者斗争的故事。

2013年10月22日上午，雾、霾笼罩下的哈尔滨索菲亚教堂若隐若现

80多年后的2013年10月20—22日，哈尔滨遭受雾、霾锁城，呈现了“雾（霾）幕下的哈尔滨”景象（不过，需指出的是，《夜幕下的哈尔滨》的“阴霾”是指日伪统治导致的黑暗社会，“雾（霾）幕下的哈尔滨”的“雾、霾”是指恶劣天气引发的不良影响）。

雾、霾围城创灰黄。那几天，哈尔滨街上能见度最低时不足5米，龙塔、百年铁路桥、阳明滩大桥等地标从视线中消失，高速公路全线封闭，太平机场全面停航，长途客车停运、公交延迟，城市一时陷入瘫痪状态，哈尔滨中小学因此无奈停课两天，开创了我国因雾、霾而停课的先例。

哈尔滨的一位居民这样描述雾、霾是如何把冰城沦为“海市蜃楼”的：早晨醒来发现窗户像被淋上了一层乳胶漆，百眼莫辨；推开窗，空气犹如打翻了的海鲜铺子一样腥臊呛人；开雾灯、打双闪，爱车犹如汪洋中的破船，在浩渺烟波中无助地爬行，连近在咫尺的信号灯都难以分辨，交警不得不用喊叫代替手势指挥交通；公交站台大量上班族滞留，步行者大多“只闻其声，不见其人”，经常踩到脚后跟才发现前边有人，还有直接对面撞个满怀的，摘下口罩时会发现呼吸处又黑又黄。

雾、霾围城缘何由。天气分析显示，这次雾、霾几乎覆盖整个松辽平原，持续时间长达50多个小时，严重到伸手不见五指。这大范围、长时间、高浓度的雾、霾，是气候背景、天气条件、城市环境、社会管理等多种因素叠加所致的。

从气候背景来看，这一年夏天，黑龙江、松花江及其流域内的中小河流及水库塘坝水位普遍偏高，以致空气湿度大、土壤墒情偏涝、地表蒸发量较高，空气湿度长期在高位徘徊并趋于饱和，为大雾产生提供了充足的水汽资源。

从天气条件来看，这一年10月，受低气压影响，东北区域迎来一次降温降水天气过程，再次输送了大量水汽资源。哈尔滨受弱冷空气影响，近地面空气静止少动，无风，大气层结稳定，不利于污染物的流动与扩散，而有助于水汽、悬浮颗粒物的逐渐累积。

从城市环境来看，哈尔滨高楼林立，楼宇间距过窄，以使静风、旋风现象不断增多；机动车数量猛增，烧烤、宵夜、洗浴及燃放烟花爆竹等活动造成不容忽视的低空污染；建筑工地车水马龙，环境保护步伐没能跟上等等，成为了引发雾、霾的强劲推手。

从社会管理来看，哈尔滨是煤烟型城市，每年工业和采暖用煤量约达2840万吨，仍采取集中供热模式，同一时间开栓，力争达到标准温度。10月上旬哈尔滨的空气质量还很正常，20日供暖开栓后12个$PM_{2.5}$监测站清一色六级，11个先后“爆表”（超过500峰值）。

这后两个人为因素为雾、霾大规模发生与持续发展提供了更多的凝结核，因此，清晨生成的辐射雾与徘徊不去的烟霾相互叠加，正是东北区域尤其是哈尔滨“不雾则已、一霾惊人”的原因所在。

“雾都”伦敦煤作怪

伦敦，素有“雾都”之称，那里云雾之多，被著名作家狄更斯戏谑为“伦敦的特产”。然而，“雾都”并非是伦敦的美称。1952年12月的一场大雾，竟成为“刽子手”，造成近万名伦敦民众死亡。

伦敦1952年雾、霾事件

一位女士戴着口罩，对着镜子化妆

浓雾下众生遭难。1952年12月3日，舒适的风从北海吹来，晴朗的天空中点缀着绒毛状的卷云。气象台预报说：一个冷锋已在夜间通过，中午时分，伦敦气温6℃，相对湿度约为70%。

傍晚时分，伦敦处于一个巨大的高气压的东南边缘，强劲的北风围绕着这一高压中心顺时针吹着。第二天，这个高气压沿着通常的路径向东南方移来，其中心在伦敦以西几百千米处。12月5日，这个高压中心移到了伦敦上空，此时，伦敦气象台的风速表竟“静止”了。

无风状态下的伦敦到处是雾，站在泰晤士河桥上四面望去，恍如置身在白茫茫的云端。马路上只有少数有经验的司机开着车灯像蜗牛似地爬行着，步行的人沿着人行道像盲人似地摸索着前行。浓浓大雾下，工厂仍然不能停工，居民们仍然要取暖，无数个烟囱仍然一刻不停地冒着黑烟，它们悄悄地飘进大气中，与浓雾混在一起，尤似黑云压城。美国卫生教育部大气防治污染局局长普兰特博士恰好在这个时间来到伦敦，他这样描述道：“当我们乘坐的飞机抵达伦敦时，因为伦敦机场浓雾弥漫，所以飞机只得在伦敦南32千米的多意奇机场着陆。在机场，刚一推开舱门，一股硫黄和煤烟的气味扑面而来。下了飞机，没走多远，口中似乎有金属的味道，鼻子、咽喉及眼睛受到了辛辣的刺激，很像剥洋葱时的感觉。傍晚，从旅馆的窗户往下望去，经过的人群中大约有三分之二的人用围巾、口罩、手套等捂着鼻子。”

从伦敦烟雾发生的第一天起，伦敦的死亡人数急剧上升。伦敦中心医院一位护士回忆当时的情况仍心有余悸：“简直是一场恶梦，受烟雾毒害的病人接连不断地被送进病房，哮喘和咳嗽声充塞着整个医院，让人无法安宁……尸体不断地被拉走。”

这场大雾一直持续到12月10日方才散去，强劲的西风带来了北大西洋清冷的空气，吹散了伦敦上空的毒雾，拂去了人们脸上的阴云。

灾难后苦思缘由。英国位于西欧，是大西洋中的岛国。这里有北大西洋暖流经过，盛行的西风很容易把海上暖湿空气送进英国以及欧洲西部，使得这里阴雨天气多，特别是冬季，云雾多。通常浓雾会妨碍交通，但不至于引起上述严重的呼吸道疾病，乃至使人死亡。

究竟原因何在？经过10年的努力，科学家们终于弄清楚了烟雾毒害的原因：主要是煤炭燃烧时释放出的烟尘中含有一种三氧化二铁的粉尘，它使空气

经过多年的空气污染治理，伦敦的空气情况已经大有改善

中的二氧化硫氧化，生成硫酸液滴，附着在烟尘或雾滴上。一旦被人吸入，就会令人产生胸闷、咳嗽、喉痛等症状，使支气管炎、肺炎、肺癌等呼吸道疾病的发病率和死亡率成倍增加。

铁腕治污蓝天回。1952年以后，英国政府制定了一系列整治环境的措施。概括起来为四大“利器”：立法提高监测标准，改善空气质量；科学规划公共交通，减少道路上行驶的车辆；控制汽车尾气，减少污染物排放；科学地建设城市绿化带。

经过半个多世纪的铁腕治污，伦敦的环境完全变了样，拨开烟雾重见了天日。20世纪80年代以来，伦敦的太阳辐射比20世纪60年代增加了大约70%。

好莱坞城“雾罐头”

洛杉矶位于美国西南海岸，阳光明媚，风景宜人，著名的电影业中心好莱坞就位于这里，它还有“车城”之称。然而，1943年一场蓝色“化学武器”使其美丽逊色。

蓝色烟雾似“化武”。土生土长的洛杉矶人奇普·雅各布于2008年出版了《洛杉矶雾霾启示录》一书，记载了1943年那段让人难以忘却的历史：1943年7月8日清晨，当美国洛杉矶的居民从睡梦中醒来，眼前的景象让他们以为受到了日本人化学武器的攻击：空气中弥漫着浅蓝色的浓雾，走在路上的人们闻到了刺鼻的气味，很多人把汽车停在路旁擦拭不断流泪的

《洛杉矶雾霾启示录》封面

1958年，洛杉矶。连续3天雾、霾之后，一位女士正擦拭不断流泪的眼睛。她准备呼吸一瓶由城外采集的新鲜空气。瓶身上写着“如水晶般透明的空气”。

眼睛。政府很快出来辟谣，这不是日本人的毒气，而是大气中生成了某种不明的有毒物质。对于这样恶劣的天气，当时一位好莱坞演员想出了一个“雾、霾罐头”的点子，并设计了一段广告词：“这个罐头里装着好莱坞影星们使用的有毒空气。你有敌人吗？有的话，省下买刀的钱，把这个罐头送给他吧——众多好莱坞影星力荐。”罐头标价35美分，在游客众多的商店里出售。

自那以后，烟雾更加肆虐。1955年，因呼吸系统衰竭死亡的65岁以上的老人达400多人；1970年，约有75%以上的市民患上了红眼病。

蓝色烟雾源汽车。经过七八年时间，人们才发现洛杉矶烟雾是由汽车排放物造成的，这种烟雾学名为光化学烟雾。连尼克松总统都沮丧地说，“汽车是最大的大气污染源”。

洛杉矶在20世纪40年代就拥有250万辆汽车，每天大约消耗1100吨汽油，排出1000多吨碳氢化合物、300多吨氮氧化物和700多吨一氧化碳。到70年代，汽车增加到400多万辆。由于汽车漏油、汽油挥发、不完全燃烧和汽车排气，每天向城市上空排放大量石油烃废气、一氧化碳、氧化氮和铅烟（当时汽车所用

光化学烟雾下的洛杉矶

为含四乙基铅的汽油），这些排放物，在阳光的作用下（特别是夏季的强烈阳光），发生光化学反应，生成淡蓝色光化学烟雾。这种烟雾中含有臭氧、氧化氮、乙醛和其他氧化剂，滞留市区久久不散。

另外，从环境因素来看，洛杉矶地处太平洋沿岸的一个口袋形地带之中，只有西面临海，其他三面环山，形成一个直径约50千米的盆地，空气在水平方向流动缓慢。在海岸附近和沿着近乎是东西走向的海岸线上吹的是西风或西南风，而且风力弱小。另外，沿着加利福尼亚海岸的加利福尼亚潮流，在春季和初夏，其海水寒冷，而来自太平洋上空的比较温暖的空气，越过海岸向洛杉矶地区移动，这上暖下冷的态势，便在洛杉矶上空形成了强大的持久性的逆温层，它们犹如帽子一样封盖了地面的空气，并使大气污染物不能上升到越过山脉的高度。洛杉矶的光化学烟雾在这种特殊的地形、气象条件下，扩散不开，停留在市内。在一天里，由上午9—10时形成烟雾，臭氧开始积蓄。到下午2时左右，臭氧浓度达到高峰。

雾、霾有毒伤人体

人类生活在大气中，无时无刻不在呼吸。一个人每天需吸入15立方米左右的空气，为每天所需食物和饮水质量的近10倍。随着工业化和城市化进程的不断加快，向大气排放的污染性颗粒物也在大量增加，从而使大气质量进一步恶化，雾、霾天气也随之增多，对人体健康造成了更大的危害。

由雾、霾携带的污染性颗粒物，如酸、碱、盐、胺、酚等，以及尘埃、花粉、螨虫、流感病毒、结核杆菌、肺炎球菌等，毒性大，能刺激引发多种常见病，包括呼吸道疾病、眼结膜炎、皮肤病、心血管病及神经系统疾病等；在雾、霾严重时，日照不足，人的内分泌发生紊乱，直接导致情绪低落，焦虑烦

PM“家族”成员及危害

PM_{10}

直径小于或等于10微米的颗粒物，又称可吸入颗粒物，粒径在2.5~10微米间的颗粒物，能够进入上呼吸道，但部分可通过痰液等排出体外，另外也会被鼻腔内部的绒毛阻挡，对人体健康危害相对较小。

$PM_{2.5}$

直径小于或等于2.5微米的颗粒物，也称可入肺颗粒物，被吸入人体后会直接进入支气管，干扰肺部的气体交换，引发哮喘、支气管炎和心血管病等疾病。$PM_{2.5}$含大量有毒、有害物质，且在大气中停留时间长，输送距离远。

PM_1

目前$PM_{2.5}$约占PM_{10}的一半以上，而PM_1占了$PM_{2.5}$中绝大部分。此外，更小的颗粒物，会更容易携带大气中致癌物质，进入人体内。

$PM_{0.5}$

进入肺泡后，可越过血气屏障，进入心血管系统引起疾病，甚至还能干扰神经系统。

$PM_{0.1}$

超细颗粒物，极易被吸入肺内，沉积在肺泡里，$PM_{0.1}$的表面积非常大，可成为极其有效的有机物和重金属的载体。

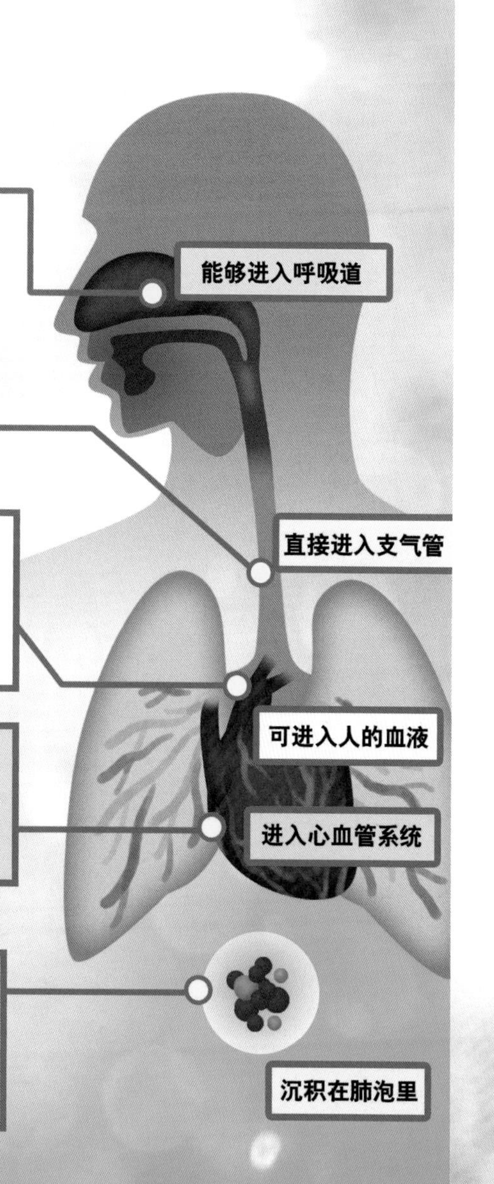

图10 颗粒物对人体危害示意图

躁，使抑郁症增多。特别是高浓度的大气污染形成的灾害性雾、霾天气对健康的急性危害可在数天内夺去很多人的生命。如有“雾都”之称的英国伦敦，1952年一次烟雾事件造成了近万人死亡。可见，雾看似温柔，其实，它如与霾“联手”，则大有“柔情杀手”之势，其杀伤力不可小觑。

污染性雾、霾颗粒物对人体健康危害程度主要取决于其成分、浓度和粒径，不同粒径的雾、霾颗粒物进入人的呼吸道不同部位如图10所示。

已经证实，雾、霾颗粒物对人体健康影响主要是由小粒径部分（$PM_{2.5}$）而不是大粒径部分所造成的。比如，雾中的黑碳粒子仅仅是人类红细胞尺度的百分之一（如图11），可直接到达肺部，进入血液循环。

图11　黑碳粒子仅仅是人类红细胞尺度的百分之一

雾、霾有弊也有利

神灵迷雾　张海峰摄

云雾水性四效应

论起云雾，它危害人类“狰狞”面孔后还有有益于人类的一面，概括起来，具有四大效应：一是云雾的制造美景效应；二是云雾的茶香醇甘效应；三是浓雾的缓解水荒效应；四是浓雾的净化空气效应。此外，从古到今，它还曾被用作为一种“武器”，成为军事家克敌制胜的法宝。

如梦如幻　张海峰摄

山以云雾为美。南宋戴复古《舟中》诗曰："云为山态度，水借月精神。"俗话说，山为骨，云为衣，云雾多为名山胜景之一。像南岳衡山，其主峰祝融峰，春云似烟，夏云如海，秋云如纱，冬云朦胧。庐山云雾，其轻如絮，其白如雪，其厚如毯，其光如银；或绚丽云海滔滔滚滚，或万朵芙蓉姗姗而来，或云流汹涌似瀑布倾泻，或彩霞映照若锦缎铺天。黄山云海更是一绝，那里的群峰一刻也离不开云雾的点缀，露出云海雾浪的山峰，犹如大海中的岛屿；远处山连云，云拥山，更似梦幻中的海市蜃楼，云生景变，云动景移，百里黄山因而变幻无穷，黄山云雾则与奇松、怪石、温泉并称为"黄山四绝"。峨眉山有"雾岛"之称，这里的雾，静如练，动如烟，轻如絮，阔如海，白如雪。峨眉佛光更是让人心动，因为云雾致使"光环随人动，人影在环中"。可见，云雾是大自然的化妆师，由它塑造出的高山雾景，已经成为重要的旅游资源。

茶以云雾为香。浓雾不但迷人，也让茶树"迷恋"上了，于是诞生出了云雾茶。云雾茶，顾名思义，是指产在高山云雾之中的茶，我国较为出名的有庐山云雾茶、英山云雾茶及云台山云雾茶等。就拿庐山云雾茶来说吧，它叶厚、毫多，醇甘耐泡，含单宁、芳香油类和维生素较多，不仅味道浓郁清香，怡神解泻，而且可以帮助消化，杀菌解毒，具有防止肠胃感染等功能。

集雾可解水荒。有人把雾称为隐形降水，收集雾水，实际上，就是要把这种隐形降水变为显形降水。因此，雾对适当地缓解淡水资源短缺能起到一定作用，对于干旱地区来说，更是可贵的淡水资源。

雾能净化空气。空气中的烟尘等微小颗粒物，作为凝结核，与空气中的水汽结合成雾滴，若它沉降到地面，或移走消散，或"挂"在寒冷的树枝或其他物体上（称为雾凇或树挂），就有如同雨雪过后使具有杂质的空气被冲洗过一样，使空气得到了净化，变得清新了。

借雾克敌制胜。从古到今，军事家借助大雾掩护实施军事行动而克敌制胜的例子数不胜数。古人就知道左右战争胜败的关键是天时、地利、人和。比如，在我国《孙子兵法》中，气象条件位居第二位。《始计篇》有言："故经之以五事……一曰道，二曰天，三曰地，四曰将，五曰法……天者，阴阳，寒暑，时制也。"天就是指用兵时所处的时节和气候。古代的"黄帝战蚩尤"和"草船借箭"，乃为千古传诵。虽然"黄帝战蚩尤"是神话故事，"草船借箭"是小说家言，但是，实际上，在历史军事事件中，雾起到克敌制胜，甚至改变历史的作用的案例确实是存在的。

峨眉佛光人人爱

峨眉佛光，又称峨眉宝光，是一种大气光学现象。当人们站在附近有云雾的高处，背对阳光，使"阳光—观察者—云雾"三者位于同一直线上，把自己的身影投射到云雾上，人们便可在云雾中看见一个以自己影子的头部为中心的彩色光环（如图12）。因其光彩很像宝石散射的光芒而得名宝光。它是由光线射入云雾之后，经过水滴反射，其反射光再经过衍射而形成的。

峨眉山的宝光在国内众多名山中独领风骚，究其原因，除了佛教传播的影响之外（这可能是称为佛光的原因吧），更与峨眉山独特的天时地利条件息息相关。

首先，峨眉山地势险峻，东边是南北走向、深达数百米的大悬崖，从玉佛殿到金顶大庙、气象站一线，及至万佛顶一带，特别是金顶大庙旁的舍身崖（海拔3077米）、金刚嘴附近，很容易看到宝光，这是在国内外众多名山中峨眉山所具备的利于观赏宝光绝无仅有、无以匹敌的地形地势。此外，在雷洞坪、洗象池和九老洞等山中景点亦还有部分利于观赏宝光的地点。

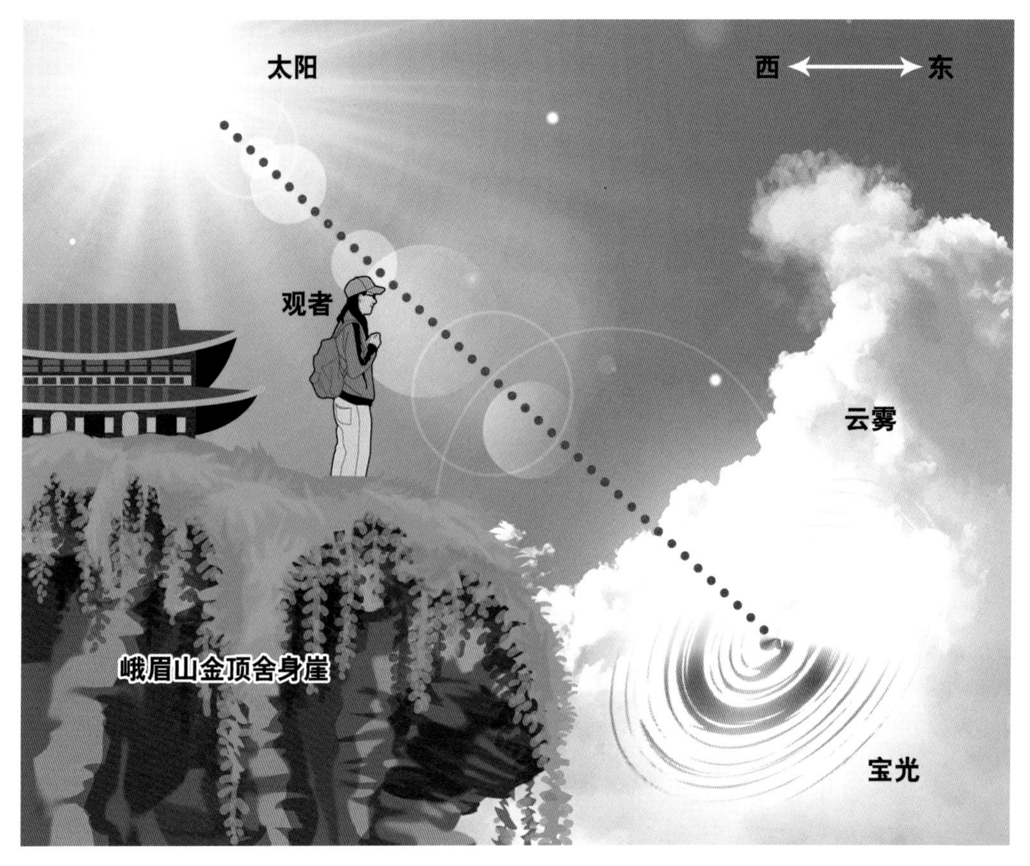

图12　峨眉宝光形成示意图

其次，峨眉山位于进入我国的西南暖湿气流的大通道上，周边地区河流纵横交错，金顶、万佛顶沿线的海拔高度在3000米左右，正好处于多数低层云顶之上，云雾出现天数（326天）位居全国各名山之冠，并有充足的光照。因此，气候条件上也具有其他高山难以比拟的优势。

根据当地人们长期观察经验认为，在峨眉山最易于观赏到宝光的是雨后有云海的晴朗日子，时间集中在下午2—5时。特别要提醒的是，舍身崖等处一般为悬崖，不能只顾远处看景，一定要注意脚下安全。

莲花峰顶西侧峨眉宝光

在峨眉山，究竟为什么上午不容易看到宝光呢？这是由于峨眉山西边地势是与其东边地势截然不同的缓坡，人们很难找到合适的立地位置去观赏呈现于上午云海上的宝光。云雾、光照、游客三者的位置必须合适，才能观赏到罕见的宝光景象。

匡庐云雾有三奇

耸立于长江南岸、鄱阳湖之滨的庐山，自古有“匡庐奇秀甲天下 ”的美称。这里长年云雾缭绕，瑰丽奇迷，为历代文人墨客讴歌不已。比如前面我们已经提到的苏轼《题西林壁》就是脍炙人口的佳作。《题西林壁》是苏轼在元丰七年（1084年）四月，与友人参寥同游庐山的西林寺时的作品。十几天前他刚入庐山的时候，还写过一首五言小诗：“青山若无素，偃蹇不相亲。要识庐山面，他年是故人。”这首小诗很风趣，意思是：第一次见到庐山，好象遇到一位高傲的陌生人，要想和他混熟，今后就得常来常往。于是他 “往来庐山十余日”，最后写出这篇讴歌庐山的名篇。

清初学者黄宗羲专程从浙江来庐山游历，提出庐山有“三奇”：“生平见雨，皆上而下，此雨自下而上，一奇也。闻者，雨声、风声，云之有声，今始闻之，二奇也。云之在下，真同浪海，小山之见其中者，三奇也。”黄宗羲说的第三奇，就是云海。他说的雨往上飘和云有声响这二奇，也是庐山云雾中的奇特现象。当峡谷中向上吹的风力比雨往下降的重力大的时候，雨滴就随风往上飘，这种“雨自下而上”的奇特现象就出现了。风声、雨声为人们所熟悉，而云声，对人们来说，似乎没有这样的概念。有雾而无风时，如果站在悬崖峭壁上，可听到一种微弱的丝丝之声，此乃“云雾之声也”。这是因为云雾是由密集的直径仅几十微米的小水滴组成，受山谷中一些上下气流的夹带，这些云雾微滴流经山岩、树木、野草时，会因摩擦而发出丝丝之声。其实，这与松涛声属同一道理。

1961年秋，著名气象学家竺可桢在游庐山时也提出庐山有三大谜题：一是庐山云雾为何有声音，二是庐山雨为何自下往上跑，三是“佛灯”之谜。头两

庐山风景

个谜题上面已经作了解释，至于“佛灯”，类似于“峨眉宝光”，同样也必须有云雾存在，当太阳、云雾和人的位置搭配适当时就可以出现宝光奇景。

还有人说庐山的雾“闻之有味”。雾是由许多微小的水滴（或冰晶）组成的，水是无味的。如果不是在工矿、都市的空气污染区内，雾是不会有异味的。这里所说的“雾之味”，可能是雾滴沾上树木花草之味，或者是微小的雾滴随呼吸进入人的鼻腔，刺激嗅觉器官而造成的一种错觉。

庐山云雾之一

最后还应说说庐山云雾的形成，究其原因，与庐山所在的位置有关。江西省四面山岭耸立，中间比较低平，呈盆地状。北部鄱阳湖水气连天，庐山又在长江边上。就因为这襟江带湖的位置，使得庐山湿气很盛，所以庐山常常笼罩在云雾之中，年均雾日190多天，四季皆有，以夏季最多。由于水汽多，群峰经常云遮雾罩，整个庐山隐现在虚无缥缈之间，真正使人有“不识庐山真面目”之感。

孙悟空和庐山茶

据传，当年孙悟空在花果山当猴王的时候，吃遍了珍奇的瓜果桃李。有一天，他突发奇想，要尝尝天上的仙茶到底是什么滋味，于是就腾云驾雾向天庭飞去。在飞到一半路程的时候，他朝下望时，只见一座山上漫山遍野长满了茶树，而且那时正值茶树结籽期，他就飞下去查看。对于孙悟空来说，他不知道如何才能把这些茶树弄回花果山去种植。正在苦恼的时候，从远方飞来了一群大鸟，它们看到孙悟空一直围着茶树转，很好奇，就下来问问是怎么一回事，孙悟空就将自己的想法告诉了它们。大鸟们听后乐呵呵地说："没事，我们帮你采茶籽吧。"孙悟空听后十分高兴。鸟儿们就将茶籽含在口中朝花果山飞去，当它们飞到庐山之上时，被庐山的美景给深深地吸引住了，领头的鸟儿动情地唱起了歌儿，其他大鸟也跟着唱了起来。当它们歌唱之时，茶籽从嘴里落了下去，落到了庐山之上。后来茶籽长大，庐山长满了棵棵茶树，从而成就了长于云雾之间的云雾茶了。

传说归传说，庐山云雾茶的诞生与庐山凉爽多雾及日光直射时间短等气候条件是分不开的。茶树喜温湿，耐阴凉，要求年平均气温为15～23 ℃，忌高温、低温；相对湿度为80%～90%，年降雨量在1500～2000毫米，雨量要分布均匀。包括庐山在内的我国南方一些山地，常年云雾缭绕，空气湿度大，水汽滋润，晴天直射光弱，散射光非常丰富，昼夜温差大，这样的气象条件非常适宜茶树生长。

庐山茶历史悠久。据载，庐山种茶始于晋朝。唐朝时，文人雅士一度云集庐山，助推了庐山茶叶生产的发展。著名诗人白居易曾在庐山香炉峰下结茅为屋，开辟园圃种茶种药。宋朝时，庐山茶被列为"贡茶"。老一辈无产阶级革命家朱德总司令曾品庐山茶后即兴作诗赞美之："庐山云雾茶，味浓性泼辣，若得长时饮，延年益寿法。"

庐山茶园

收集雾滴有妙法

前面我们已经说了，有人把雾称为隐性降水。收集雾滴，就是把隐性降水变为显性降水，这对适当缓解淡水资源短缺会起到一定的作用。据资料显示，收集雾滴的方法，大致概括为两大类。

一是织网收集雾。南美洲智利北部几乎滴雨不降，那里的水比油还要贵。可是，那里却有从太平洋吹来的潮湿的风，往东吹到山上就变成浓浓的雾。那里冬天每日都有雾，夏天也时常有雾。只可惜形不成降水，地面仍然是干燥的。当地人利用尼龙线织成大网，对着海风竖起来（如图13），成功地收集到了雾中的水。智利北部一个名叫楚功沟的小渔村，从1987年到1992年在75张网

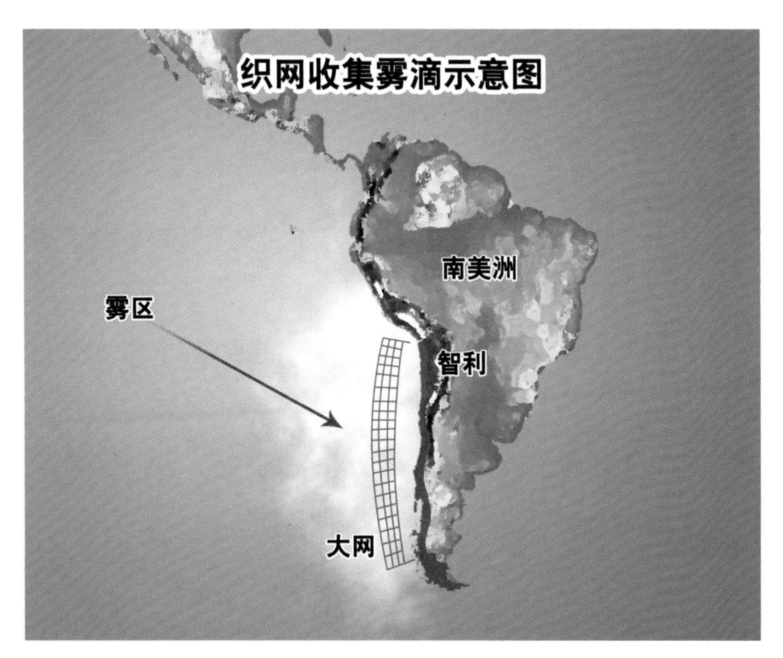

图13 织网收集雾水示意图

上平均每天收集1立方米的水，他们把水引向山下的村子里，部分地解决了村民的生活用水问题。

类似的收集雾滴方法目前在世界上许多国家陆续开展。如南美洲的秘鲁、厄瓜多尔，亚洲的阿曼、尼泊尔，非洲的纳米比亚、南非等。

二是木盆林中收集雾滴。在浓雾弥漫的树林中，虽然无雨，但常常可以看到从枝叶上不停地有水滴下来。这是因为雾中的微小水滴，不断在树叶上沉降，逐渐积累、汇集在一起，宛如雨滴，从叶面上流下。庐山在江南梅雨季节过后，雾多雨少，干旱抬头，为解决植物需水问题，庐山林场的工人们按照庐山云雾观测站专家提出的方法，将许多个木制的盆放在松柏树下，一夜之间就有二三十千克的雾滴落入盆中，用此来解决部分云雾茶和蔬菜的需水问题。

草船借箭雾帮忙

“草船借箭”出自明代小说家罗贯中的《三国演义》第四十六回。这个家喻户晓的故事，还曾入选人教版五年级《语文》教材。

三国时期，东吴都督周瑜非常嫉妒诸葛亮的才能，决定用计谋置诸葛亮于死地。

有一天，周瑜对诸葛亮说：“不久我们就要和曹军交战，水路交兵，弓箭是最好的武器。请您在十天之内监管制造10万支箭。”诸葛亮不以为然地说：“十天时间太长了，会误了大事，我可在三天之内完成任务。”周瑜以为他在说大话，特意让诸葛亮立下军令状。然后周瑜一面命令造箭的工匠到时候故意拖延时间，材料也不给准备充分，一面又让他手下鲁肃去探听诸葛亮的情况。

鲁肃却接受诸葛亮的请求，帮他私下准备了快船20只，并按诸葛亮的要求在船上扎了草人，等候调用。第一天不见诸葛亮有动静，第二天也没动静，到第三天四更时分，诸葛亮秘密地请鲁肃和他一同乘船取箭。

那一夜，长江江面上大雾漫天，面对面看不清人，那扎满草人的20只船已用长绳索连在一起，径直向北岸曹操军营进发。到五更时候已离曹军水寨不远。诸葛亮命令船队头西尾东一字排开，让士兵擂鼓呐喊。曹操接到报信后说：“大雾迷江，一定有埋伏，千万不要轻举妄动，命令弓箭手用乱箭射退敌人。”于是曹军1万多名弓箭手一齐向江中放箭，箭如雨发。诸葛亮看到草人一侧已扎满箭枝，便命令船队掉头，头东尾西，让船的另一侧接受箭射。待到日高雾散，20只船两边的草人上扎满了箭枝。

诸葛亮趁着大雾用草船“借”来了10万多支箭，他是如何算定这场大雾会在三天后出现的呢？诸葛亮接受命令时，正处在晴朗少云的深秋季节，即

草船借箭

大约在阳历的11月。根据武汉气象观测资料，秋季正是当地的雾季，尤以11月为多，平均6天中就有1天有雾。这是因为秋季天气渐凉而水汽尚丰，微风、晴夜、气温迅速降低时水汽便可能凝结成雾。从《三国演义》中“是夜大雾漫天，长江之中雾气更甚”和“日高雾散”等话语来看，很可能是陆上夜间形成的辐射雾，被北风（南下的冷空气）或陆风（陆地吹向水面的风）从陆上输送到江上；又因为夜间江水温暖，水汽丰富，冷空气一进到江面，其雾（此时应是平流雾）便会立刻增浓。诸葛亮观察到那几天天气单调、少有变化、风力微弱，认为具备形成大雾的条件，于是料定三日之后会出现大雾。

现今，我国许多气象台都开展了雾的预报，而且准确率也很高。但在三国时代要在三天前就能算出“对面不相见”的浓雾来，无疑是《三国演义》作者罗贯中对诸葛亮的神化。

霾中颗粒三使命

霾颗粒物这小小的“幽灵”栖身在大气中，携带细菌、病毒和虫卵，到处“漫游”，传播疾病，还模糊视线，影响交通，给人类带来了许多麻烦。但是，没有像霾这样的颗粒物行不行呢? 有俗语曰，“水至清则无鱼”。类似，如果大气太干净了，一点颗粒物（气象上称为气溶胶）都没有，那恐怕一切生物也不会存在了。这是因为：

其一，如果没有它们（应该说，还包括空气分子），太阳辐射到地球上的光就得不到反射、散射和折射，地球上的天空本来是没有颜色的，正是由于它们对太阳光的这些作用，使早上提前天亮，傍晚延迟天黑，人们才能见到蓝色的天空，感受到了丰富多彩的光明世界，所以有人称它们为“光明的信鸽”。

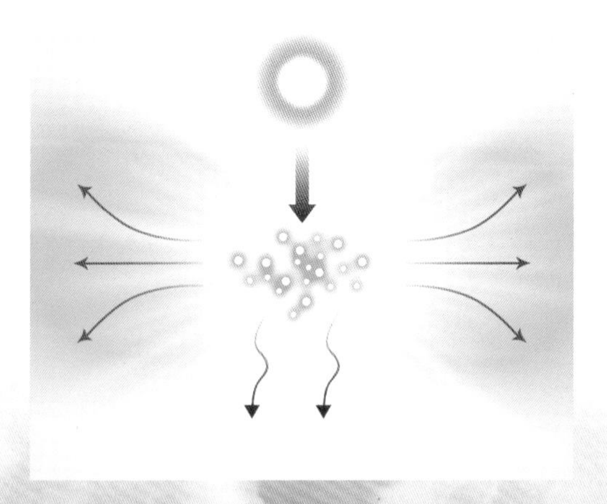

大气的散射使天空呈现蓝色

大气臭氧层挡住紫外线　　雨滴的形成示意图

其二，如果没有它们，地球白天会很热很热，晚上会很冷很冷，不但人类无法忍受，就是地球上的其他生物，也难以生存；另外，宇宙中的许多有害射线或陨石等天体都将毫无阻挡地进入地球表面，对人类产生致命的威胁。实际上，这些颗粒物在白天能反射一些太阳光，使天气不那么炎热，夜间可阻止地面热量向空中散失，使天气又不那么寒冷，而且还能吸收和阻挡宇宙中的有害射线大量射入地球，使陨石等天体在大气中烧毁，从而使地球上的生物免受过度冷热和有害射线或陨石等天体的伤害，所以有人称它们为“地球的卫士”。

其三，如果没有它们，不但形成不了云层，更谈不上下雨。那么，河流就会干涸，土地就会龟裂，这样一来，自然界的一切就将走向今天的反面。实验证明，在没有凝结核的情况下，即使空气达到了过饱和状态，相对湿度达300%～400%，也难以发生水汽凝结现象，而这些颗粒物正是起着凝结核作用，成云致雨离不了它们，所以有人称它们为“雨雪的使者”。

于此特别要说明的是，上面所说的对人类有用的霾颗粒物是指大气在自然状态下的霾颗粒物，它是由自然原因，比如地壳的自然风化、火山爆发等所产生的尘埃，而不包括由人为活动，比如使用化石燃料（工厂燃煤、汽车排气）所产生的污染性颗粒物。正是由于工业革命以来人类对经济增长的过分追求，没有考虑环境的容纳能力，增加了霾中污染性颗粒物，导致并增强了霾的那面伤人的“劣性”，正如古人孟轲所云：“天作孽，犹可违；自作孽，不可活。”因此，人类应该从自身做起，节能减排，才能实现可持续发展。

蓝天绽放不是梦

大气自身能净化

《吕氏春秋·尽数》中有言："流水不腐，户枢不蠹"。意思是流动的水不会腐臭，常常转动的门轴不会被虫蛀蚀，比喻经常运动的事物不易受到侵蚀，可以保持很久不变坏，其中的奥秘就在于一个"动"字。对于大气，何尝不是如此呢。

我们常常听到，当出现雾、霾或者污染严重天气时，往往伴随着的气象语言有"出现逆温层"，"空气处于静稳少动状态"，"气象条件不利于污染物的扩散"。其实，大气很少处在这种静稳少动状态。如同河流流水一样，"运动"是大气的最基本特性；也如同流水不腐一样，运动的大气能够保持自己的状态是相对稳定的，即处于动态平衡状态。换句话说，正是这个"动"，实现了大气的自我净化功能，通过运动，大气清除了外来的杂质，保持着自己原来的洁净状态。比如，在电视台天气预报节目中主持人往往会有这样的话语：气象条件有利于污染物的扩散；较强的北风驱散了雾、霾，说的就是大气的净化功能。

大气的自我净化，就是通过自身的一些"运动"逐步消除其中的污染物达到自然净化的过程，也可以说，就是通过自身的一些"运动"使空气成分逐渐恢复到原来的状态。

大气自净的这种"动"能力，大致可分为四大类。

一是大气的水平运动（即风）和垂直对流，将大气中的外来污染物带走（如图14），通过这种搬运、扩散，逐步稀释进入大气的污染物以至消失。

二是通过大气运动产生的雨、雪的淋洗，使排入到大气中的污染物落到地面，使空气得到了澄清。

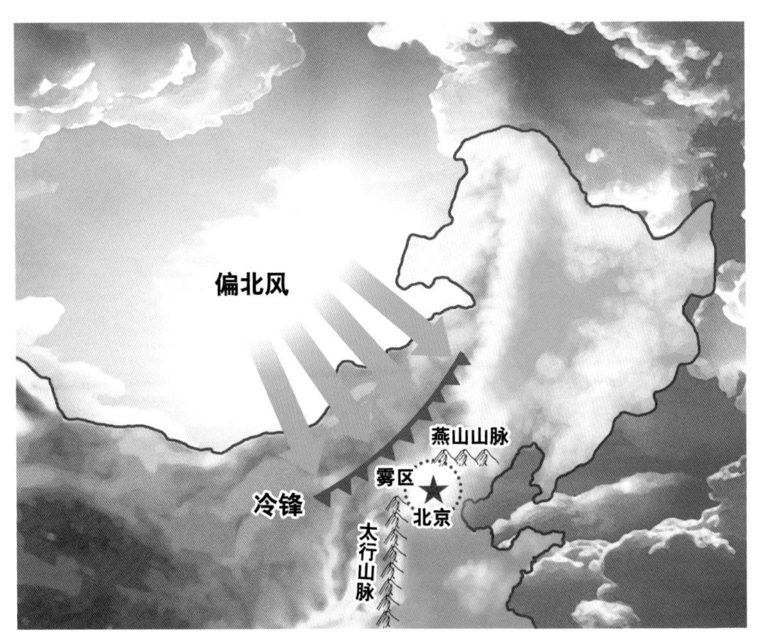

图14　风吹散雾示意图

三是通过大气中的一些化学作用，使污染物生成其他可以沉降的物质，比如，一些硫化物变成硫酸盐，汽车尾气排放的氮氧化物转化成硝酸盐，从而对净化空气起到一定作用。

四是自然界中的生物作用，比如植物，特别是森林、草地能截留粉尘，吸收有害气体，有助于提高大气自净能力。

大气自净能力与当地气象条件、污染物排放总量、城市布局以及周边环境等诸多因素有关。比如，对北京来说，偏北风有利于空气净化，而偏南风会把河北等地的污染物带进北京而加剧雾、霾影响。

然而，无论是哪种自净能力都是有限的。当污染物数量超过了大气的自净能力时，污染的危害就不可避免的发生，生态系统就将受到破坏，生物和人就可能发生病变或死亡。这个限度就叫大气环境容量。它的定义是，在保证人类

吉林雾凇处空气清新，负氧离子丰富

的生存和生态平衡不受到危害的前提下，某一大气环境能够容纳的某种污染物的最大负荷量。因此，不能等风盼雨，治本就必须铁腕治污加铁规治污。

铁腕治污“国十条”

2013年9月10日国务院以国发〔2013〕37号下发了《大气污染防治行动计划》（以下简称《行动计划》），其主要内容概括为三个着眼点、三个必须点、四个事关点和十项具体措施。

防治大气污染的三个着眼点：作为改善民生的重要着力点；作为生态文明建设的具体行动；作为统筹稳增长、调结构、促改革，打造中国经济升级版的重要抓手。

防治大气污染的三个必须点：必须付出长期艰苦的努力；必须坚持防治大气污染人人有责，在全社会树立“同呼吸、共奋斗”的行为准则；必须坚持在保护中发展、在发展中保护，实现环境效益、经济效益和社会效益多赢。

防治大气污染的四个事关点：事关人民群众根本利益；事关经济持续健康发展；事关全面建成小康社会；事关实现中华民族伟大复兴中国梦。

《行动计划》十项具体措施：一是加大综合治理力度，减少污染物排放。二是调整优化产业结构，推动经济转型升级。三是加快企业技术改造，提高科技创新能力。四是加快调整能源结构，增加清洁能源供应。五是严格投资项目节能环保准入制度，提高准入门槛，优化产业空间布局。六是发挥市场机制作用，完善环境经济政策。七是健全法律法规体系，严格依法监督管理。八是建立区域协作机制，统筹区域环境治理。九是建立监测预警应急体系，制定完善并及时启动应急预案，妥善应对重污染天气。 十是明确各方责任，动员全民参与，共同改善空气质量。

《行动计划》总体目标：经过五年努力，使全国空气质量总体改善，重污染天气较大幅度减少；京津冀、长三角、珠三角等区域空气质量明显好转。力争再用五年或更长时间，逐步消除重污染天气，全国空气质量明显改善。

《行动计划》具体指标：到2017年，全国地级及以上城市可吸入颗粒物浓度比2012年下降10%以上，优良天数逐年提高；京津冀、长三角、珠三角等区域细颗粒物浓度分别下降25%、20%、15%左右，其中北京市细颗粒物年均浓度控制在60微克/米^{3}左右。

突围雾、霾个人招

避免雾、霾危害的根本方法是：在雾、霾严重时，不要或尽量减少出行和户外活动。非要外出，应采取适当防护措施。

在校应对措施

利用网站、宣传栏或课堂，普及雾、霾及其防范知识。

不要开窗，进出教室随手关门。

上午10时以后等雾、霾有所消散时可将窗户打开一条缝换气。

取消室外一切活动，如课间操、室外体育课、露天集会等。

如遇特浓雾、霾天气，采取推迟上学、提早放学，甚至停课等措施。

积极参加保护环境的公益活动，如植树造林。

在家应对措施

不要开窗，特别是在早晚雾、霾高峰时段。

尊老爱幼，劝告他们待在家中，特别是老人不要晨练。

在室内放盆水，有条件的可使用加湿器，保证房间一定的湿度。

在阳台、室内摆上几盆吊兰、绿萝等绿色冠叶类植物。

使用空气净化器，可吸附$PM_{2.5}$，要注意勤换过滤芯。

过敏病人家中不要使用空气清新剂。

劝告亲人和客人不要吸烟，做饭时关上厨房门。

建议准备照明用具，应付雾、霾可能造成的停电。

外出应对措施

一定要出门的话，须采取防护性措施，如戴口罩。

雾天湿气重，温度低，适当增加衣物。

最好不要让亲人开私家车，多乘公交，如地铁、公交车等。

穿越马路要当心，要看清来往车辆。

乘船不要争先恐后；遇渡轮停航时，不要拥挤在渡口处。

最好不要骑自行车，避开交通拥挤的高峰期及车辆多的路段。

少到人多空气不流通的地方，以避免吸入更多的污染物。

最好在室内，或选择污染相对较轻的时段和地点，进行锻炼。

回家后及时洗脸、漱口、清理鼻腔，以及身体其他裸露部分。

爱护花草树木，不践踏绿地。

欣赏山区雾景，要注意脚下，以免看不清前方而跌倒。

起居应对措施

多吃新鲜蔬菜和水果，如梨、枇杷、橙子、橘子等。

饮食以清淡为宜，要少吃刺激性食物。

多饮水，喝牛奶，吃豆腐。

避免过度劳累，保证足够的睡眠时间。

如感到不适，比如咳嗽、眼睛刺痛要及时就医。

深度清洗肌肤表层，清洁毛孔，以防止$PM_{2.5}$对人体的危害。

遇光线太暗时，打开电灯，听听音乐，以控制忧郁烦闷情绪。

链接 怎样挑选和使用口罩

口罩选择原则：口罩材质、使用寿命、技术水平等因素是界定口罩质量高低的标准。一是看它对微粒的阻隔效率；二是根据自己的脸形选择密合度好的口罩；三是使用它时呼吸阻力要小，重量要轻，佩戴舒适，保养方便。

市场上口罩种类很多，如医用口罩、时尚口罩、活性炭口罩、N95口罩、KN90口罩等，可以根据自己的用途选择不同类型的口罩。购买口罩时，一定要选择经相关检测机构验证的产品，最好不要购买并使用没有标注厂名、厂址和原料成分的口罩。

正确使用口罩注意点：一是必须洗手，佩戴口罩之前和脱下口罩前后都要洗手。二是紧贴面部，系紧固定口罩的绳子，或把口罩的橡皮筋绕在耳朵上，有金属片的口罩要把口罩上的金属片沿鼻梁两侧按紧，使口罩紧贴面部，完全覆盖口鼻和下巴。三是每日换洗，最好多备几只口罩，以便替换使用，每日换洗一次，洗涤时应先用开水烫5分钟，再用手轻轻搓洗，清水洗净后在烈日下曝晒，有活性炭过滤的和一次性的不必清洗。四是适时更换，当口罩受血渍或飞沫等异物污染、使用者感到呼吸阻力变大或者口罩损毁时，就必须换新的口罩。另外，佩戴口罩后，尽量避免触摸口罩；口罩两面不能交替使用，也尽量不要在污染的坏境中将口罩摘下来后又戴上；口罩在不戴时，将紧贴口鼻的一面向里折好，放入清洁的信封或者塑料袋中备用，切忌随便塞进口袋里或是在脖子上挂着；各人的口罩应当专用，不能互相借用。

参考文献

《气象知识》编辑部，2011.晴阴冷暖总关情[M].北京：气象出版社.

《突围十面“霾”伏》编写组，2013.突围十面“霾”伏[M].北京：新华出版社.

本书编写组，2009.气象信息员知识读本[M].北京：气象出版社.

大气科学名词审定委员会，2009.大气科学名词[M].北京：科学出版社.

蒋国华，2012.诗词中的气象知识——漫谈雾的成因与特点[J].气象知识(6):58-61.

赖比星，邝刚，王会兵，2009.欣赏峨眉“佛光”要选时[J].气象知识(1):39-41.

兰博文，张雪梅，2013.雾、霾“围城”为哪般[J].气象知识(6):46-49.

李宗恺，1998.地球的外衣：大气[M].南京：江苏科学技术出版社.

奇普·雅各布斯，威廉·凯莉，2014.洛杉矶雾霾启示录[M].曹军骥，译.上海：上海科学技术出版社.

吴兑，2009.雾和霾[M].北京：气象出版社.

吴兑，2013.探秘$PM_{2.5}$[M].北京：气象出版社.

张小曳，周凌晞，丁国安，2009.大气成分与环境气象灾害[M].北京：气象出版社.

附录　名词解释

页码	名词	释义
007	辐射冷却[1]	地球表面或大气系统在接受辐射小于自身发射辐射的情况下所产生的温度降低的过程。
007	过饱和空气[1]	水汽压大于同温度同压力下的饱和水汽压的湿空气。
007	绝热冷却[1]	同四周无热量交换的空气上升过程。
020	逆温层[1]	气温随高度增加或保持不变的大气层次。

[1] 全国科学技术名词审定委员会．大气科学名词[M]．北京：科学出版社，2009.